深远海风电柔性直流送出工程技术

中国南方电网有限责任公司超高压输电公司 组编

中国电力出版社
CHINA ELECTRIC POWER PRESS

图书在版编目（CIP）数据

深远海风电柔性直流送出工程技术 / 中国南方电网有限责任公司超高压输电公司组编. -- 北京：中国电力出版社，2025.5. -- ISBN 978-7-5239-0085-7

Ⅰ. TM315

中国国家版本馆 CIP 数据核字第 20252B717L 号

出版发行：中国电力出版社
地　　址：北京市东城区北京站西街 19 号（邮政编码 100005）
网　　址：http://www.cepp.sgcc.com.cn
责任编辑：岳　璐（010-63412339）
责任校对：黄　蓓　李　楠
装帧设计：张俊霞
责任印制：石　雷

印　　刷：三河市万龙印装有限公司
版　　次：2025 年 5 月第一版
印　　次：2025 年 5 月北京第一次印刷
开　　本：787 毫米 ×1092 毫米　16 开本
印　　张：13.5
字　　数：247 千字
印　　数：0001—1000 册
定　　价：68.00 元

《深远海风电柔性直流送出工程技术》
编委会

主　编：董言乐

副主编：张志朝

参　编：冯文昕　任鑫芳　刘　航　黄小卫　马向辉　彭光强
向权舟　罗朋振　张沛然　梁钰华　魏　宏　肖卫文
陈明佳　杨光源　黄　聪　周国梁　刘晓瑞　李文津
夏泠风　王江天　刘宣宣　韩毅博　吴高波　邵　毅
郭　强　朱益宏　汪一帆　华艳花　余　涛　陈　晨
曾维雯　胡　超　李　倩

欣闻《深远海风电柔性直流送出工程技术》付梓在即，谨向本书的出版致以诚挚祝贺！这本专著凝聚了南方电网超高压输电公司在海上风电柔直送出领域宝贵的实践经验及丰硕的技术成果。在海上风电跨越式发展的背景下，作为深耕直流输电领域几十载的科研工作者，我深切感受到本书的问世恰逢其时，不仅是行业智慧的结晶，更是推动深远海风电事业发展的重要里程碑，为海上风电领域的研究者和实践者提供了宝贵的参考和启发。

在碳中和愿景下，能源系统的“去煤化”与“电气化”已成必然趋势。根据国际能源署（IEA）预测，到2050年全球电力需求将增加60%，其中90%需由可再生能源满足。海上风电凭借其资源丰富性（全球技术可开发量超过120万亿kWh/年）、出力稳定性（相比陆上风电容量系数提升15%－20%）以及靠近负荷中心的区位优势，被视为破解能源三角悖论（安全、经济、低碳）的关键选项。中国作为全球海上风电增速最快的市场，2023年累计装机已超3000万kW，“十四五”规划明确提出重点建设广东、福建、江苏等千万kW级海上风电基地，目标直指2030年实现1亿kW并网规模。这一宏伟蓝图的实现，不仅关系到我国能源安全，更是推动全球能源转型的重要力量。

然而，随着海上风电开发向深远海区域进军，技术与工程挑战日益严峻。一方面，随着近海资源开发趋近饱和，开发离岸50km以外、水深50m以上的深远海区域成为必然选择，但传统交流输电方案在长距离输送中的电容电流效应与过电压问题愈发突出；另一方面，风电固有的间歇性与波动性，在规模化并网后可能对电力系统的功率平衡构成挑战，亟需通过技术创新实现源网协同优化。

本书立足工程实践，直面深远海风电送出的核心难题，系统阐述了从规划设计、工程建设到并网运行的全链条关键技术。书中不仅深入剖析了深远海海缆敷设张力控制、海上换流站典型布置及施工、海上柔直系统启动与故障响应等关键技术细节，更以战略性视角，构建了覆盖“规划设计－工程建设－运行维护”的全生命周期技术框架。这一成果不仅完善了深远海风电的理论研究体系，更为项目投资决策提供了科学依据，展现了对行业发展趋势的深刻洞察与前瞻性思考。

在能源革命与科技革命交织的新时代，海上风电全生命周期技术体系的构建绝非单一技术的线性叠加，而是需要材料科学、海洋工程、电力电子、信息技术等多学科的深度协同创新。期待本书的出版，能为从业者提供兼具理论深度与实践价值的良好参考，激发更多跨学科、跨领域的创新碰撞。相信在“双碳”目标的引领下，通过持续的技术突破与模式创新，海上风电必将成为新型电力系统的重要支柱，为全球能源转型与可持续发展作出更大贡献。

浙江大学求是特聘教授、博士生导师，IEEE Fellow

徐政

2025年5月 浙江

在全球能源结构深刻变革的背景下，新能源开发及利用已成为推动人类文明向可持续发展转型的核心驱动力。作为新型能源体系的重要支柱，海上风电凭借其资源富集性、环境友好性和技术延展性，正引领着全球能源革命的浪潮。尤其当近海资源开发趋于饱和之际，向深远海进发已成为不可逆转的产业趋势，这也对电力输送技术提出了前所未有的挑战。柔性直流输电技术以其独特的技术禀赋，正在这场深远海能源开发的攻坚战中扮演着关键角色。

本书立足于“双碳”目标指引下的新型电力系统建设需求，聚焦深远海风电柔性直流送出工程的技术体系构建，系统梳理了从理论创新到工程实践的全要素知识图谱。在编写过程中，我们始终秉持“立足工程实践、面向技术前沿、注重系统集成”的指导思想，力求构建具有中国特色的深远海风电送出工程技术理论框架。

全书内容架构经过精心设计，形成有机衔接的四大知识模块：第 1 章作为战略认知模块，通过全球视野的产业分析，揭示海上风电发展的演进规律；第 2 – 3 章构成工程技术模块，全面介绍各类输电技术，深入解析柔性直流输电工程（简称柔直工程）的结构设计；第 4 – 10 章组成工程实践模块，系统阐述海上风电工程的重要组成部分和具体设备构成，并进一步就施工、调试、运维等方面内容详细介绍；第 11 章作为发展展望模块，基于国内外实际工程展望海上风电的未来发展。这种“认知 – 技术 – 实践 – 前瞻”的四维架构，既保证了知识体系的完整性，又体现了工程科学的实践特征。

在内容呈现方面，我们提供了大量的工程案例和实践经验，希望能够为相关行业人员提供有益的参考借鉴。同时，我们着重强化了可读性设计，将较为复杂的专业术语和数学公式转化为通俗易懂的语言和图表进行表述，使读者能够更加轻松地理解和掌握书中的内容。

本书的成稿得益于产学研用协同创新机制的深度实践。特别感谢中国电力工程顾问集团中南电力设计院、中国能源建设集团广东省电力设计研究院等单位的专家团队，他们在工程案例提炼、关键技术验证等方面作出了重要贡献。同时感谢出版社编辑团队的辛勤付出。

我们深知在这样一个快速迭代的技术领域，任何研究成果都具有阶段性和开放性。我们期待本书能起到抛砖引玉的作用，激发更多创新思维的火花。

展望未来，随着漂浮式基础、超导输电等颠覆性技术的突破，深远海风电开发必将迎来新的技术革命。本书所构建的技术体系，既是对当前工程实践的总结，更是面向未来创新的基石。我们坚信，通过全行业的协同攻关，中国必将在这场全球深远海能源开发的竞赛中，贡献独具东方智慧的解决方案。

编　者

2025 年 5 月

目 录
CONTENTS

第1章 国内外海上风电发展概况

1.1　国外海上风电概况

1.1.1　国外海上风电规模现状

欧洲是全球主要的海上风电市场之一，也是海上风电发展程度最高的地区，经过30多年的发展，其海上风电建设、运营技术和产业链最为成熟。欧洲开发海上风电的国家主要有英国、德国、荷兰、丹麦、比利时和法国等。根据全球风能理事会（GWEC）统计，截至2023年12月，全球海上风电装机总容量达到75.2GW，其中欧洲海上风电装机规模34GW，占到全球装机份额的45%。欧洲风电年度装机容量见图1－1。

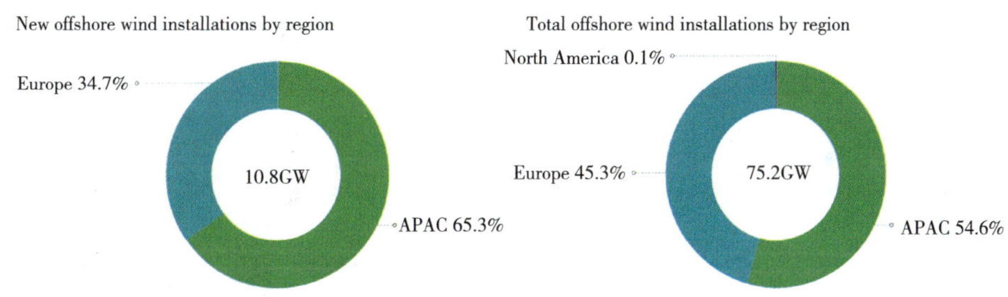

图1－1　欧洲风电年度装机容量

来源：GWEC

1.1.2　国外海上风电发展趋势

1.1.2.1　风机发展趋势

欧洲海上风电单机容量自2015年起基本保持年均16%的增长率，2021年新生产的风机平均额定容量可达8.5MW，相比于2020年的8.3MW有了提升；而截至2021年的所有风机平均额定容量达到了4.9MW，如图1－2所示。在2022年后10－13MW的大型风电机组将成为欧洲主流，西门子歌美飒、维斯塔斯、GE等国外风机制造商目前均已具备生产14－15MW风电机组的能力，2023年，欧洲装机的海上风电机组平均功率达到9.7MW，同比2022年增幅超过20%。总体上，海上风机机组朝着大型化方向发

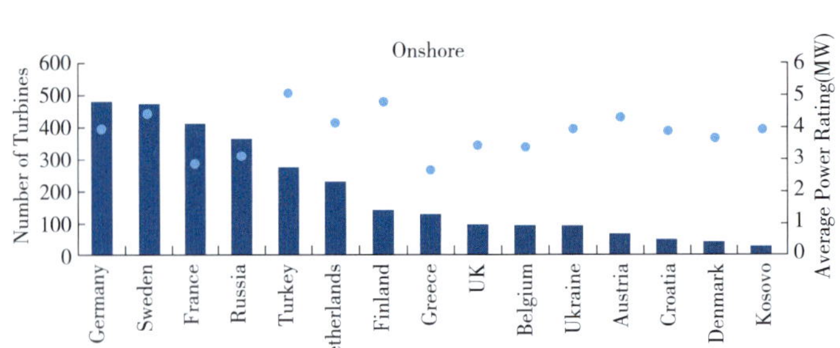

图 1－2　欧洲海上风电机组平均单机容量

来源：WindEurope

展，平均功率上行趋势显著。

1.1.2.2　规模发展趋势

欧洲海上风电项目规模近五年保持稳定增长趋势，2023 年欧洲海上风电新增装机规模 3.8GW，近五年年均新增 3.2GW。未来十年，全球海上风电将维持总体增长势头，预计到 2033 年底，全球海上风电总装机容量将达到 497GW，新增的海上风电装机容量将超过 422GW，新增装机中 39% 的增长预计将来自欧洲地区，如图 1－3 所示。未来几年欧洲将有多个百万千瓦级海上风电项目投产，后续平均装机规模还将保持增长趋势。

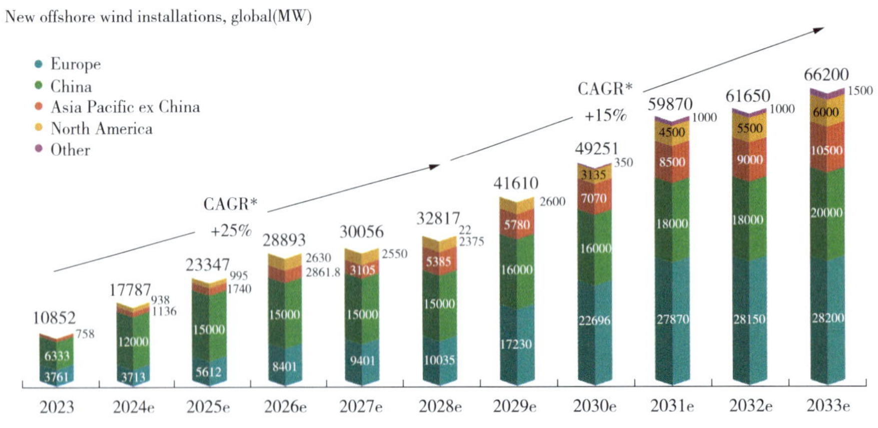

图 1－3　全球海上风电预期新增装机容量（2024－2033）

来源：GWEC

1.1.2.3　离岸距离发展趋势

欧洲海上风电场项目平均水深为 32m，平均离岸距离 57km，如图 1－4 所示。德国为保护自然保护区和北海浅滩，规定海上风电离岸距离不小于 30km，英国及美国的海上风电离岸距离较近，但总体而言浅水域风力发电场的发展已经无法满足风能发展的要求，欧洲海上风电正向深远海区域逐步发展。

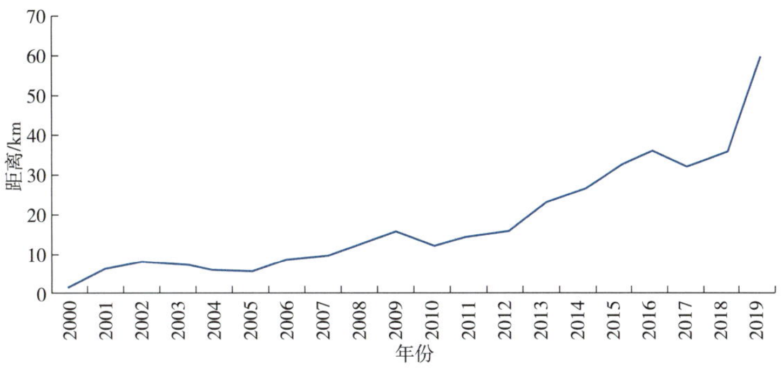

图 1－4　欧洲海上风电项目平均离岸距离

来源：WindEurope

1.1.3　国外海上风电直流输电工程

随着欧洲海上风电不断向深远海发展，统一规划、集中连片开发和集中送出成为欧洲海上风电开发建设的主要模式，规模化集群开发与集中送出对于集约利用海域和海岸线资源、降低企业开发建设风险、促进建设成本有效降低有着十分重要的意义。有研究表明，对于离岸距离超过 80km、容量大于 400MW 的海上风电项目，相比交流输电，柔性直流输电更具经济性和可靠性。

欧洲作为海上风电发展最早的区域，德国率先将柔性直流输电作为深远海风电送出的技术路线，目前已有 10 个海上风电柔直送出项目投产，电压等级涵盖 ±160kV、±250kV 及 ±320kV，输电距离（含陆缆）在 130－230km。

1.2　国内海上风电概况

1.2.1　国内海上风电规模现状

国家能源局公开数据显示 2024 年，全国风电新增装机容量 7982 万 kW，同比增长 6%，其中陆上风电 7579 万 kW，海上风电 404 万 kW。截至 2024 年 12 月，全国风电累计并网容量达到 5.21 亿 kW，同比增长 18%，其中陆上风电 4.8 亿 kW，海上风电 4127 万 kW。GWEC 于 2024 年 6 月发布的数据显示，2023 年全球海上风电新增装机达 10.8GW，仅次于 2021 年；中国海上风电新增装机连续六年领跑全球，累计装机超过英国，已成为全球第一大海上风电市场，国内海上风电规模发展情况见图 1－5。

2021 年，面对国家补贴政策节点的临近，各开发商加快了项目开发建设和并网进度，我国海上风电的发展突飞猛进。国家能源局公开数据显示，这一年全国风电新增并网装机 47.57GW，为“十三五”以来年投产第二多，其中海上风电新增并网装机 16.9GW；截至 2021 年底，全国风电累计装机 328GW，其中海上风电累计装机 26.38GW，跃居全球第一。

2022 年，国内新核准的海上风电项目共有 14 项，装机规模合计 10.1GW。截至 2022 年底，我国累计海上风电装机量达到 31.44GW，占亚太地区总装机量的 92%，占全球总装机量的 48%。在增量方面，我国 2022 年海上风电新增装机量为 5.05GW，占亚太地区新增装机量的 80%，占全球总新增装机量的 57%。

2024 年，国内海上风电新增装机容量 404 万 kW；2024 年底，海上风电累计装机容量已经超过 4127 万 kW。

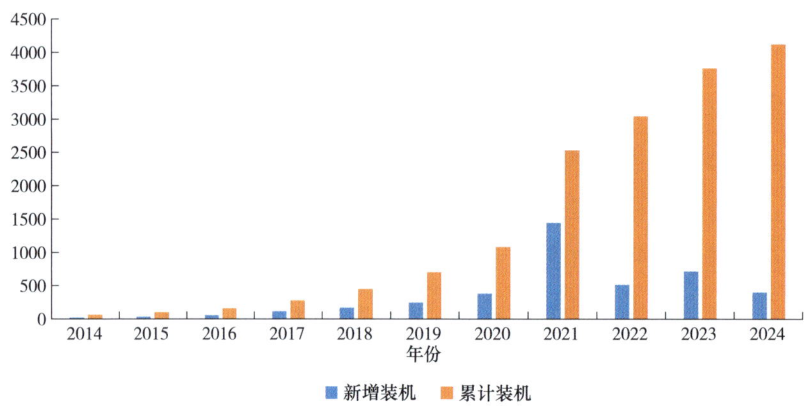

图 1-5　国内海上风电规模发展情况

数据来源：CWEA。

1.2.2　国内海上风电发展趋势

1.2.2.1　风机发展趋势

近年来，为降低海上风电项目的平准化能源成本（LCOE），我国风电厂商陆续开展大兆瓦风机研发，并围绕降低机组造价、提升发电量、提高质量和可靠性的目标发展突破性的先进技术。2014 年前，我国海上风电机组单机容量均以 3.0MW 风电机组为主，5.0MW 以上风机仅为实验样机。自 2014 年起，开始批量安装 4.0MW 风电机组，2014 至 2018 年间 4.0MW 级风电机组每年的装机容量超过一半。2019 年，全国新增装机平均单机功率为 4240kW，累计装机平均单机功率为 3804kW，新增机组中 4.0MW 以上机组安装比例达 80%，其中 4.0-5.0MW 机组占比为 48%，5.0-6.0MW 机组占比接近20%，大于6.0MW机组占比为14%，2020年，5.0MW及以上风电机组新增装机容量占比首次超过半数，同时新增8.0MW和10.0MW大容量海上风电机组，首次实现在福建兴化湾二期成功吊装，10.0MW及以上大型海上风电机组已列入重点研发计划。2021年，我国的海上风电机组最大单机设计容量已达到16MW。2023年，三一重能发布全球最大15MW陆上风电机组，刷新全球陆上风机容量最高纪录，明阳智能发布22MW海上风电机组，刷新全球海上风机容量最高纪录。2024年，18MW风机已经投运并网，研发的最大单机容量已达到26MW。到2025年，全球海上风机平均吊装单机功率将达到8.9MW，较2020年水平增40%。在此基础上，我国近海和未来深远海漂浮式海上超大功率风电机组也必将成为发展趋势。

1.2.2.2　离岸距离发展趋势

虽然我国海岸线长，可利用海域面积较广，海上风力资源储备丰富。但近年来，在能源转型压力的推动下，海上风电产业快速发展，目前已开展前期工作与建设的近海资源趋近饱和。随着海上风电技术的不断成熟，开发规模化的潮间带及近海风电场已不存在技术制约，但其会受到用海紧张的影响，并会对生态环境、渔场、航线产生影响，这对近海海域风电场的建设和发展存在一定程度的制约。而深远海域更广、风能资源更丰富，且不会与近海养殖、渔业捕捞、运输航线等发生冲突。充分发掘丰富的深远海海上风能资源，有助于加快沿海省份能源转型，根据国内海上风电招标情况统计，我国海上风电开发单个项目的离岸距离和装机容量都呈逐年上升趋势，与国外发展趋势一致，如表1－1所示。

表1－1　　国内海上风电项目离岸距离发展趋势

项目名称	离岸距离（km）	容量（MW）	投产日期
滨海南H3项目	36	300	2020年10月12日
山东烟台海阳项目	32	301.6	2020年3月31日
江苏启东H1项目	32	250	2019年11月8日
江苏启东H2项目	40	250	
江苏启东H3项目	31	300	
江苏启东H4项目	35	400	
江苏启东H7项目	65	400	
华能山东半岛南4号项目	32	300	2019年10月17日
国电投揭阳神泉二项目	25	350	2018年11月23日
国电投揭阳神泉一项目	26	400	2018年8月26日

续表

项目名称	离岸距离（km）	容量（MW）	投产日期
国电投揭阳靖海项目	24	150	2018 年 5 月 22 日
三峡福清兴化湾二期项目	5. 1	280	2018 年 3 月 6 日
广东南澳汕头项目	15	300	2018 年 1 月 31 日
浙江玉环项目	15. 8	300	2018 年 1 月 5 日
江苏如东项目	98	1100	2021 年 12 月
广东青洲五六七	100	3000	2026 年
广东阳江三山岛	116	2000	2026 年

1. 2. 3 国内海上风电直流输电工程

截至 2024 年，我国仅有江苏如东 1 个海上风电柔性直流输电示范工程投运，该工程位于江苏省南通市如东县，分别在海上和陆上各建设 1 座换流站，其中海上换流站离岸直线距离约 70km，直流电压等级 ±400kV，输送容量为 110 万 kW，采用对称单极接线，整体方案方案如图 1 –6 所示。其中 H6、H10 风电场装机容量均为 40 万 kW，H8 风电场装机容量为 30 万 kW。在每个风电场内各设置 1 座 220kV 海上升压站，风电机组通过场内 35kV 集电系统接入 3 座海上升压站后共同接入海上柔直换流站，最终通过陆上换流站接入 500kV 陆上交流电网。

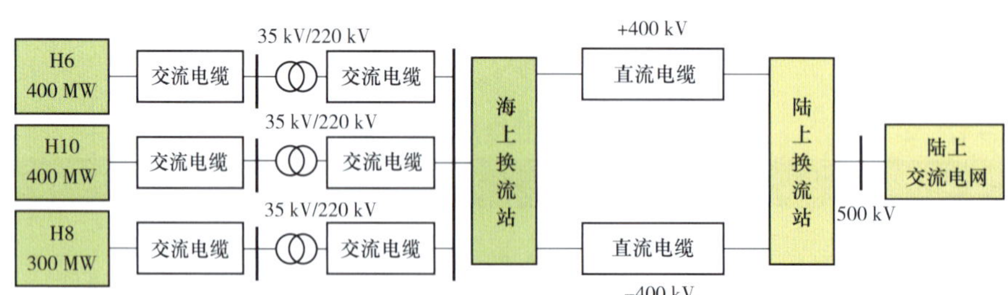

图 1 –6　江苏如东海上风电柔性直流送出拓扑结构图

目前，我国正在实施中的海上风电柔直工程有青洲五、七海上风电柔直工程和阳江三山岛海上风电柔直输电工程，这两个工程均位于粤西阳江海域。整体技术方案采用 ±500kV 对称单极柔性直流输电系统，海上建设 1 座 ±500kV 海上换流站，以及 ±500kV直流海缆，海缆路由长度 100km 左右，风电机组发出的电能通过 66kV 集电海缆接入海上换流站。

2024 年 5 月，玉环 2 号海上风电项目开工。该项目采用“20 万 kW 工频 +30 万 kW

低频”混合送出方案。柔性低频输电技术在220kV海上风电送出工程中首次应用。

未来随着海上换流站轻型化紧凑化设计技术的突破，对称双极柔性直流输电系统也可作为海上风电柔直送出技术方案的选择，对称接线方式更适用容量较高的柔直工程，直流系统一个极的故障仅损失一半功率，系统可靠性较高。

第2章

海上风电送出工程技术路线

2.1　海上风电交流输电技术

2.1.1　常规交流输电技术

海上风电常规交流输电技术结构简单、技术成熟、成本较低，近海风电基本采用该技术并网。因风机组出口电压较低，海上交流输电通常采用两级升压，首先经箱变进行第一级升压至35kV或66kV，升压后通过集电系统进行场内汇集，然后经海上升压站进行第二级升压至220kV或500kV后，由交流海缆将电能输送到陆上，具体结构如图2－1所示。

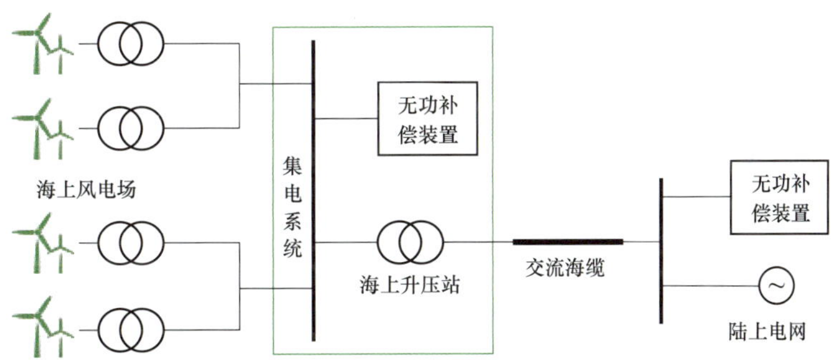

图2－1　高压交流输电方案拓扑结构图

常规交流输电技术，采用工频交流传输海上风场的电能，设备技术成熟，无须重新开发，设计建设难度较低。对于离岸距离较小的近海浅水区海上风电项目，其一次投资及建设成本低，运维简单，海上设备少，相关控制保护也较为简单，应用最为广泛。但随着输电距离的增加，交流海缆充电电流影响突显，输电损耗增加，传输容量受限，进一步提升输电距离需要加装较大的感性无功设备进行补偿。同时，海上风电场交流系统必须与其接入的电网保持同步，受到扰动后仍要维持系统的同步运行。因此常规交流输电技术的局限性主要体现在以下几个方面：

（1）输电距离受限。常规交流输电采用的交流电缆分布电容较大，交流海缆长度越长，输电过程中产生的电容充电电流越大，而海缆受其导体材料和散热条件限制载流能力有限，当充电电流接近海缆额定电流时，交流海缆无法传输有功功率，这一特性大大限制了常规交流输电技术的传输距离。针对交流海缆在不同输电距离下可传输的有功功率，根据相关研究成果，100kV 海缆采用 50Hz 交流输电时，在不考虑装设无功补偿的条件下，输电距离为 70 公里时，输送有功功率占输送功率的比例为 90%，输电距离为 90 公里时有功功率占比为 80%，输电距离达到 140 公里时，基本不能输送有功功率，具体结果如图 2 -2 所示。故远距离交流输电必须装设较大规模无功补偿装置以提高交流海缆输电功率因数。

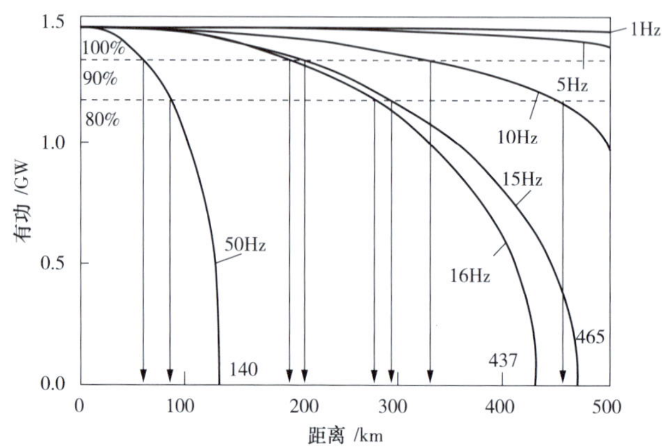

图 2 -2　海底电缆可传输有功功率与距离和频率关系

（2）静态及动态无功补偿需求大。为补偿交流海缆的容性电流并限制工频过电压，常规交流输电技术一般需要配置高压并联电抗器，且配置规模随海缆长度增加而增大。参考一般工程经验，当输电距离达到 40 公里时需在海缆一端装设高压电抗器，当超过 40 公里但小于 80 公里时需在两端装设高压电抗器，如超过 80 公里需要在海缆中间建设中继站安装高压电抗器。无功补偿规模及相关投资将显著增加。

另外，对于处于电网末端且系统阻抗较大的海上风电场，风电场的无功补偿装置除满足无功平衡需要外，还需对风力的频繁变化做出快速响应，因此采用常规交流输电方式的海上风电场宜配置静止无功补偿器或静止同步补偿器等动态无功补偿装置。

（3）风电场与陆上交流电网相互耦合。海上风电场一般处于电网末端，采用常规交流输电方式通过海缆就近接入登陆点附近交流电网时，存在一系列稳定性问题。首先风电场系统惯量低，对电网的支持力度比较弱，调频能力较差，电网频率越限风险较高；此外风电机组无功支撑能力不足，交流海缆暂态过电压问题突出，电网电压稳定性面临挑战。若大规模海风接入的地区电网架构较弱，且缺乏本地电源动态支撑电

压，区域电网电压水平受风电功率波动的影响较大。同时，风电出力的日变化曲线与负荷曲线相反，且风电场功率变化幅度受来风影响，出现爬坡时，幅度远远超出负荷的正常波动范围，对电力系统内调峰调频机组的调节速度和容量都会提出更高的要求，在陆上交流电网发生故障时也容易因电压波动导致风电机组保护动作。英国 2019 年“8·9”大停电事故，由于主网线路遭受雷击跳闸，后续叠加 Hornsea 海上风电等各类电源脱网导致。线路跳闸后，Hornsea 海上风场内的无功补偿控制装备、风机等电力电子设备与电网产生了短时的次同步振荡，风电场 35kV 系统与主网之间产生大量无功功率交换，风电机群由于机组过流保护动作脱网，导致系统频率进一步降低，最终导致陆上燃气发电机组脱网造成大停电事故。因此海上风电交流送出系统的故障穿越能力尤为重要，需保证系统在发生扰动或出现故障时不脱网地安全运行一段时间，直排除干扰，达到新的动态平衡。综上，交流输电要求风电场与所连接的交流电网需保持严格同步，随着风电场规模的扩大，交流并网存在的电压和频率稳定性问题，成为限制其发展的主要因素。

2.1.2　低频交流输电技术

常规高压交流输电技术成熟，但受海缆分布电容效应的影响传输距离受限，多用于近海风电并网。为了适应中远海风电输送场景，分频（低频）交流输电（fractional frequency transmission system，FFTS）技术应运而生。分频（低频）交流输电是指在不提高电压等级的前提下通过降低输电频率（例如从 50Hz 降低到 20Hz），以减少交流输电线路的电气距离，从而达到提高输电线路的输送功率能力，减少输电回路数和出线走廊的目的。应用于海上风电送出时，其结构如图 2－3 所示，主要由海上风机、变电站、换流站和电缆 4 部分组成。海上风机直接输出 20Hz 的低频交流电，经海上升压站汇流升压后由分频电缆输送至陆地变频站，再由变频站将电能频率转换为 50Hz 后（电

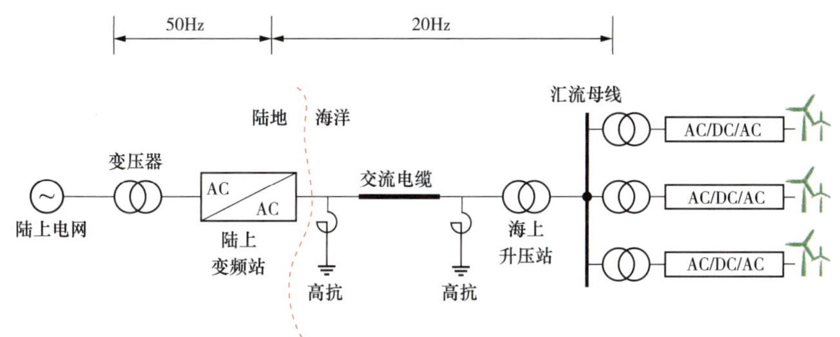

图 2－3　海上风电 FFTS 输电示意图

压不变）汇入工频电网。

从原理上看，影响交流输电能力的主要是其输变电系统的电抗，而电抗与频率和电感成正比，当输电频率由50Hz降为20Hz时，电抗也下降到原来的40%，输电线路的电气距离也缩短到40%，因而在输电系统额定电压、风场离岸距离均不变的情况下，其极限功率可提高2.5倍，因此，低频交流输电可以大幅度提高输电能力。经测算，若输电频率降低到15Hz左右，则海底电缆经济合理的输电距离可以达到300km，可解决远海风电的送出问题，同时交流电缆不存在空间电荷积累效应，对电缆绝缘友好，且交流输电不存在高压直流断路器技术问题，海上风电场可以很方便地组成交流电网，这些优势使得低频交流输电技术在未来深远海海上风电送出中极具竞争力。但由于风机需重新设计，升压变压器体积和投资增加，输电级大型变频器控制复杂，低频交流输电技术在海上风电送出方面的应用相对较少。

2.2 海上风电直流输电技术

海上风电直流送出系统中，风机发出的电能经过交流升压后接入海上换流站，海上换流站首先将交流整流为直流，通过高压直流海缆将电能输送至陆上换流站，随后陆上换流站将直流重新逆变为交流接入交流电网。由于采用直流传输海上风场电能，海上风电直流输电技术可以避免高压海缆分布电容的影响，满足大容量、远距离海上风电的输送需求。相较于交流输电送出方案，直流输电送出方案中变电投资较高，但因直流海缆输电效率更高、路由资源占用更少、敷设成本更低，相同输送距离和容量下，直流海缆的单位造价较交流海缆小，目前交直流方案等价距离约在75－80km，送电距离越远，直流输电送出方案的经济优势越大，因此直流输电技术在海上风电中的应用多是远距离、大规模输电场景。根据换流技术的差异，海上风电直流输电技术可分为常规直流输电技术（line commutated converter HVDC，LCC－HVDC）、柔性直流输电技术（voltage source converter HVDC，VSC－HVDC）及以此为基础构建的新型直流输电技术。

2.2.1 常规直流输电技术

常规直流输电技术是指基于晶闸管的直流输电技术，如图2－4所示。因换流阀成本较低、损耗较小且输电容量较大，在陆上大规模远距离电能传输上发挥了重要作用。但由于常规直流输电技术需要交流侧提供换相电压，不具备黑启动能力，连接弱网时

存在换相失败风险，同时换流阀会消耗大量的无功，需要配置的无功补偿及滤波装置较多，占地面积较大，会大大增加海上平台的建设难度与施工成本，因此不适于应用在海上风电送出场景，目前在风电送出工程中尚无实际应用案例。

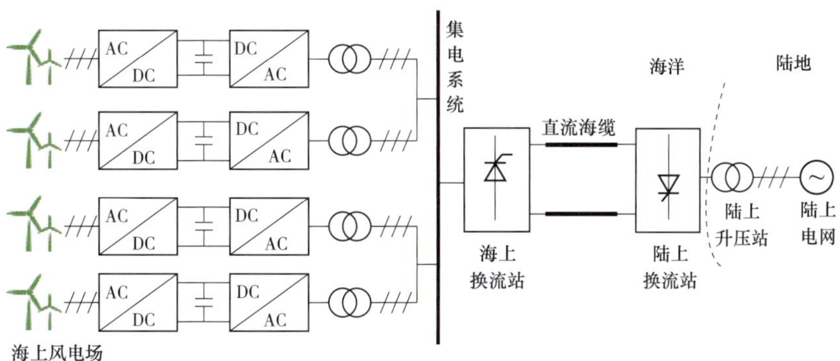

图2-4 常规直流海上风电送出拓扑示意图

2.2.2 柔性直流输电技术

柔性直流输电技术是指基于绝缘栅双极性晶体管（IGBT）等全控型器件的直流输电技术，如图2-5所示。相比于常规直流换流器，柔性直流换流器无须电网提供换相电压，可接入无源系统，并为无源系统提供参考电压，具备黑启动能力，同时可独立控制有功无功，系统发生故障时可为系统提供无功支持，改善电网电压稳定性，特别适用于海上风电送出场景，在海上风电送出工程中得到了大量应用。世界上首例海上风电经柔性直流并网工程为德国的BorWin1，其传输容量400MW，直流电压±150kV，传输距离200km，其中125km为海底电缆、75km为地下电缆，该工程仅有单个风电场接入。随着风电场装机容量、风电场规模及分布范围的不断增长，同时考虑到海上送电通道资源限制，后续海上风电柔性直流送出工程逐渐从单风电场演变为多风电场电力汇集后共享高压柔性直流送出。

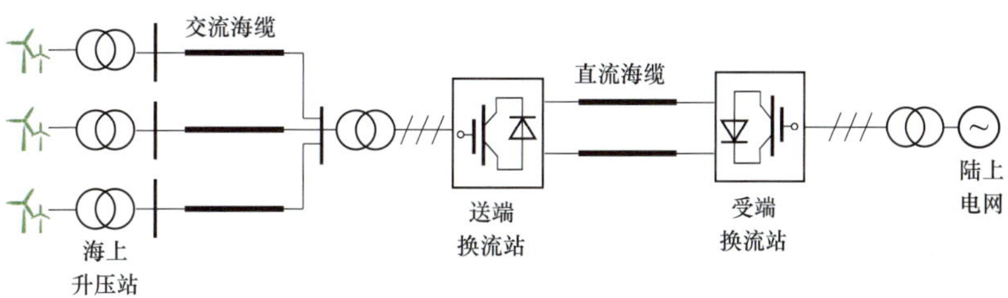

图2-5 柔性直流海上风电送出拓扑示意图

早期工程应用中，海上和陆上换流器均采用两电平或三电平电压源换流器（voltage source converter，VSC）技术，拓扑如图 2－6 所示，换流器通过压接式 IGBT 器件串联技术来提高耐压，但随着直流电压等级和输电容量的快速提升，IGBT 串联技术难以解决众多 IGBT 间的均压问题。

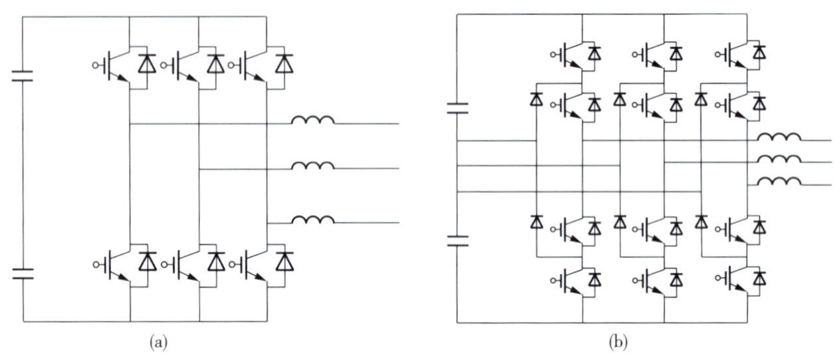

图 2－6　两电平、三电平换流器拓扑

（a）两电平；（b）三电平

2003 年，德国 R. Marquardt 教授团队提出了 MMC 技术方案，拓扑如图 2－7 所示。MMC 采用子模块串联的方式取代了 IGBT 器件的直接串联，不存在 IGBT 动态均压问题，每个子模块中的 IGBT 可工作在较低开关频率，具有很小的 di/dt 和 dv/dt，运行损耗较低，同时采用子模块中的低压电容器替代了直流母线上的高压电容器组串，输出电压的谐波含量非常低，无须在交流侧设置滤波器，模块化的结构设计也使其易于扩展和维护。基于以上特点，MMC 十分适用于高压大容量电能变换的场合，极大地推动了柔性直流输电技术的发展。目前 MMC 换流器的容量已达百万千瓦等级，单个 MMC

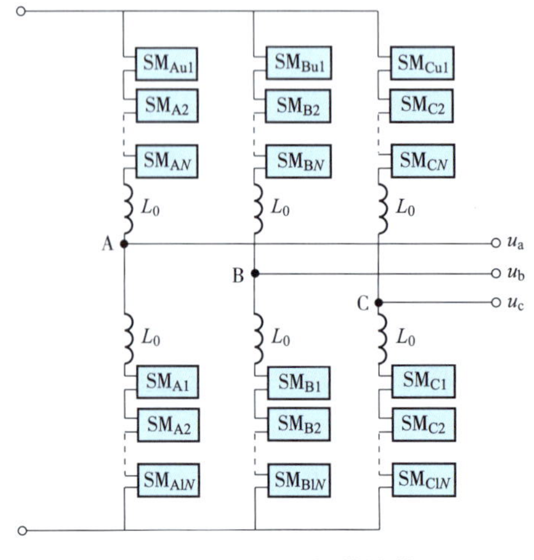

图 2－7　MMC 拓扑结构

换流器的最大直流电压达540kV，单端换流器的损耗率已降至0.8%以下，是目前大规模远距离海上风电送出的首选技术方案。

相较于交流输电技术，海上风电柔性直流输电技术在技术及经济性上存在以下优势。首先高压直流电缆的充电电流非常微小，采用柔直直流输电技术后输电距离可以不受限制；海上风电采用直流送出时，不需要与陆上电网保持同步，因此，海上风电场系统频率的允许变化范围较大，能够隔离海上风电系统和陆上电网的故障，某些情况下，高压直流系统还可以参与故障后的状态恢复。

柔性直流输电作为新一代直流输电技术，继承了常规直流并网优点的同时，避免了常规直流并网存在的问题，柔性直流输电系统无需风电场与所连接的交流电网保持同步，能够最大限度地隔离风电场和并网交流电网故障时的相互影响，没有换相失败的风险，减小了风机因低压脱网的概率，亦能够在风电场发生严重故障时，为风电场母线充电实现故障后的快速恢复和黑启动；传输同样容量的功率高压直流输电方式损耗低，整个直流系统的运行损耗将显著低于等效的高压交流系统；在相同的运行条件下，单根高压直流电缆的传输容量高，三相交流线路的传输容量仅为同样规格的一对直流电缆的60%。同时由于直流电缆输送容量大，同等规模交流送出所需的回路数更多，海域占用亦更大。

但同时柔性直流输电也存在以下缺点：首先一次投资建设成本高，按照目前海上风电主要采用的柔性直流输电技术，其主要存在问题主要是一次投资大，直流方案需在海上装设柔直换流站，相对交流方案设备多，尺寸大，海上平台尺寸及重量都明显大于交流海上升压站，故在离岸距离较近的项目中，直流输电方案由于需加装换流阀和直流海缆，其总投资较交流方案增加较多，经济性较差；其次安装施工难度较大，对大容量高电压等级海上柔直平台，其总重量可达3万t，在世界范围没有案例，需要探索新的施工工艺，传统浮托法最大施工重量不一定能够满足施工要求，在当前施工技术条件下需长距离、大重量运输，运输难度、时间及对应风险相对较大；最后运维及控保较为复杂，直流方案涉及换流阀及多种设备之间的配合，集成度及复杂度较高，运维内容及难度相对传统交流方案更大，控制保护方案及设备配合也相对复杂，技术要求较高。

2.2.3 新型直流输电技术

为降低海上风电柔性直流送出方案造价，提升系统运行效率，学术界陆续提出了多种新型直流输电技术，其中，基于大功率二极管的远海风电混合（DRU/VSC）直流送出技术具有较高的工程应用价值，其系统结构如图2-8所示。

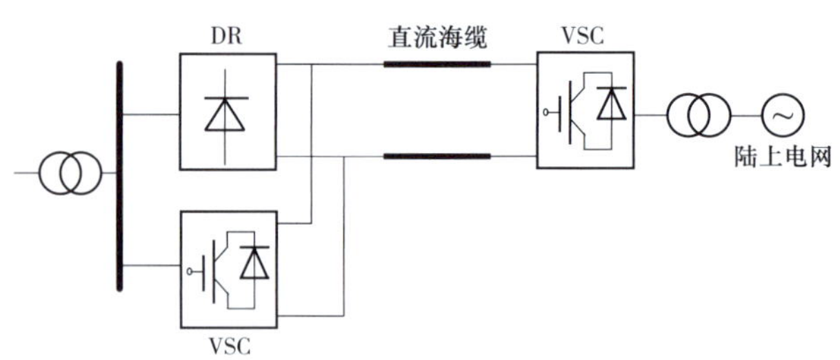

图 2-8 海上风电 DRU/VSC 输电示意图

在海上站利用二极管整流，陆上站利用柔直 MMC 阀逆变，正常运行时，逆变侧控制直流系统电压，整流侧只需通过提升 PCC 点的电压 U_{ac} 来确保二极管实现导通。因此如何实现 PCC 点的电压 U_{ac} 可控即成为了该技术可行的关键。为解决该问题，只需在二极管整流电路上并联一个小容量的 MMC 阀（典型容量为 0.3p.u.），称为辅助换流器，通过控制辅助换流器构建海上交流系统参考电压。

该技术利用二极管代替大部分 MMC 子模块，可减小海上换流站换流阀尺寸重量以及成本，以 ±500kV/2000MW 的工程为例，经过估算换流器体积大约能够减少 30%，子模块数减少约 55.33%。同时由于二极管整流器不具备隔离和缓存电能的能力，可以瞬间将电网故障映射到风电场侧，风电机组即时感知并进行相应的故障穿越，从而瞬间中断对直流系统的功率注入，无须通过配置耗能装置来实现故障穿越。

第3章

海风柔性直流输电工程系统结构及运行方式

3.1　系统结构

3.1.1　系统接线

海上风电柔直输电系统接线包含四大部分，海上风电场、海上换流站、直流海缆、陆上换流站，如图3－1所示。海上风电场包含风机集群，风机通过变频器输出稳定频率的交流电，然后通过交流集电海缆进行汇集后接入海上换流站交流场，海上换流站将交流电转换为直流电后通过直流海缆将电能传输至陆上换流站，陆上换流站将直流转换为交流后接入陆上电网。目前广泛应用的千兆瓦级海风柔直系统电压等级主要为±320kV、±400kV、±500kV三种。

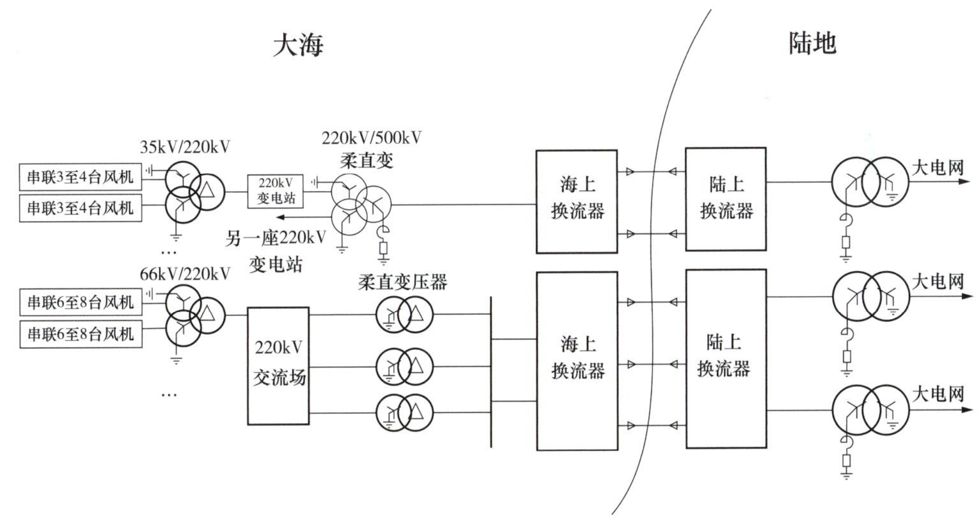

图3－1　海风柔直系统接线示意图

3.1.2　交流主接线

3.1.2.1　两级升压集电方式

两级升压集电方式的交流系统主接线采用35kV和220kV两级升压，如图3－2所示，需配置海上升压站，风机集线端口电压为 35kV，在海上升压站进行汇集后升压 220kV，升压站 220kV 海缆再接入海上换流站进行汇集。

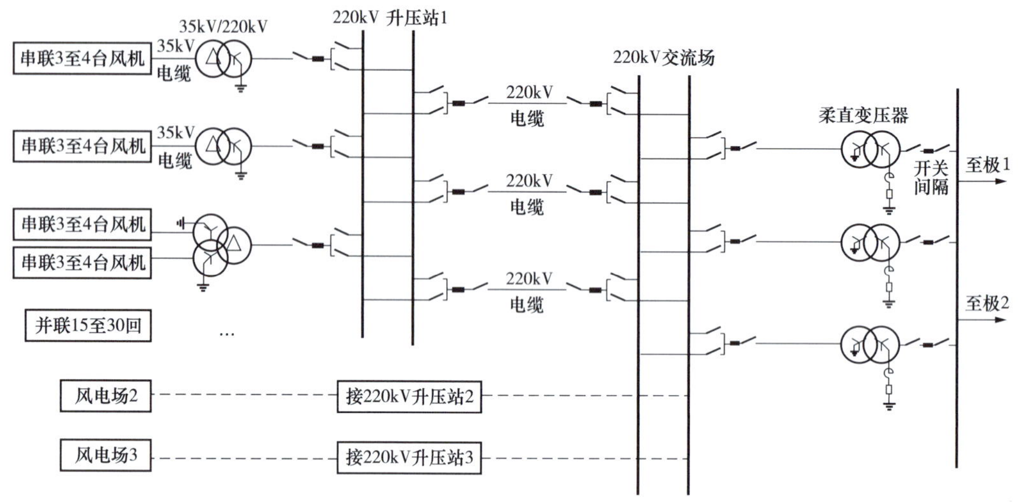

图 3-2　两级升压集电接线示意图

两极升压集电方式的海上换流站交流场系统一般采用单/双母接线方式，对于一个容量 1000MW 的海风柔直系统可通过 30 条左右的 35kV 电缆汇聚，并通过 3 回 220kV 电缆输送至换流站 220kV 交流场。海上换流站 220kV 交流场一般采用双母接线，将 2 ~ 3 个 220kV 升压站的功率汇聚至 220kV 母线并通过 2 ~ 3 台柔性直流变压器将功率输送给换流器，并与换流器电压等级匹配。

3.1.2.2　一级升压集电方式

自德国海上风电 Borwin5 工程开始，为减少海风柔直工程建设成本，取消了海上升压站，采用一级升压集电的交流主接线方式，如图 3 -3 所示。

集线系统采用 66kV 电压等级，风机集线端口电压变压器更换为 66kV 变压器，由于电压的升高，导致电缆电流大幅下降，多回集线海缆直接接入海上换流站，省去了 220kV 海上升压站的投资，因而从而整体经济性优于两级升压集电方案。

一级升压集电方案的 220kV 交流场接线宜采用双母接线或者 3/2 接线方式，原因在于整个交流场承担了整座风电场的送电可靠性，更好的可靠性设计可以换来更高的能量可用率。

3.1.3　直流侧主接线

3.1.3.1　对称单极接线方式

对称单极接线方式的海风柔直系统接线简单，如图 3 -4 所示，海上换流站也没有

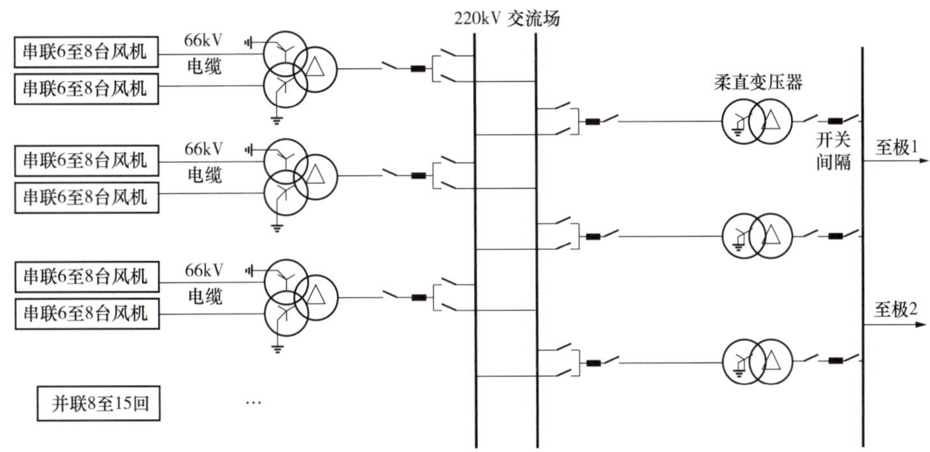

图 3－3　一级升压集电接线示意图

中性线区设备，可大幅节约海上换流平台空间，减小平台重量。无须配置金属中线和专门的接地极，可节约一回金属中线海缆成本，同时也不存在接地电流造成的油气管道、风电场构支架腐蚀；风电场变压器、互感器铁芯饱和问题。

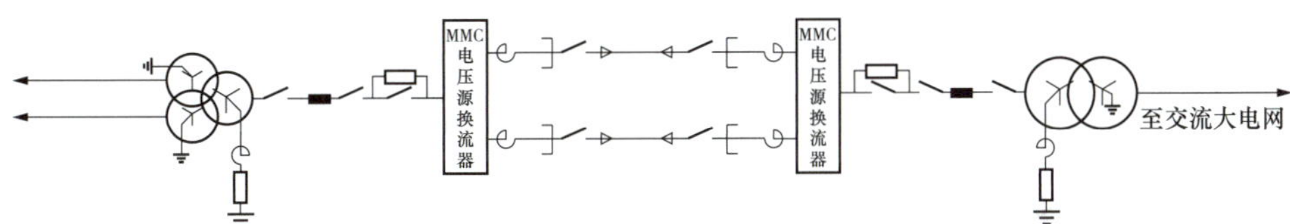

图 3－4　对称单极柔性主接线

对称单极接线方式柔直变压器阀侧主设备的中性点与直流系统的“0 电位点”虽未直接连接，但正常运行时电位相同，因此柔直变压器阀侧无需承受直流偏置电压，设备要求更为简单。在直流系统故障情况下，故障电流可能通过交流系统的接地点形成回路，因此建议通过柔直变压器（非自耦变压器）与交流系统隔离，并经过电抗或者“电阻＋电抗”接地，可极大地限制故障电流的幅值和上升速度，因此其故障情况下的短路电流相较于对称双极接线方式更小。柔直变压器阀侧中性点经“电阻器＋电抗器”接地方式是目前对称单极柔性直流选择较多的接地方式，详见本章 3.1.8 节讨论。

对称单极接线方式需经过电抗或者“电阻＋电抗”接地，极大地限制了故障电流的幅值和上升速度，因此其故障情况下的短路电流相较于对称双极接线方式更小。

对称单极由于停运时为整个系统停运，直流场不存在运行方式的切换问题，因此其无须和对称双极一样，设置直流开关，仅需要隔离开关隔离直流电缆即可。

但对称单极接线方式由于只有一个极，因此运行可靠性相较于对称双极系统更低，整个系统内任一无冗余的设备故障均会导致整体系统故障，因此对传输容量有一定限制，在传输容量较大的系统中，采用对称单极接线方式将导致故障后损失功率较大，一方面对交流系统的整体稳定性影响较大，另一方面也导致损失电量较多。

但整体而言，由于目前国内海风柔直工程规模均不大，同时受限于直流电缆的制造能力，直流系统故障后对电网稳定冲击有限，同时因对称双极接线系统比单极系统成本高出15%以上，在综合考虑工程全生命周期能量不可用率造成的电量损失后，对称单极接线方式的整体经济性仍然要优于对称双极系统，所以目前国内海风柔直工程均采用对称单极接线方式。

3.1.3.2　对称双极接线方式

对称双极接线方式相较于单极而言更为复杂，如图3－5所示，除了需增加一条中压电缆外，直流开关场设备，桥臂电抗器、变压器及阀侧交流设备的数量也明显较多，阀控系统、阀冷装置以及控制保护系统与单极也存在较大差异，整体控制逻辑更为复杂。

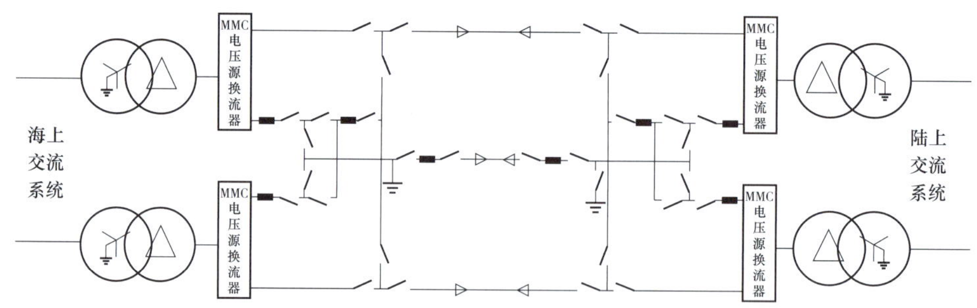

图3－5　对称双极柔性直流主接线

不同于陆上柔直双极系统采用大地回线的方式，为避免入地电流对风电场设备及其他敷设在海底的油气管道等设备的电化学腐蚀问题，一般海风柔直工程中性线均采用金属回线的方式。

对称双极接线方式，由于柔直变压器阀侧主设备需承受直流偏置电压，所以不能采用普通电力变压器，需采用换流变压器，而噪声明显较大的换流变压器也将成为陆上换流站选址的重要考虑因素，并因此带来了更多的法律风险，并且换流变压器尺寸相较普通变压器更大，因此会增大海上平台尺寸和重量。

对称双极接线方式为了提高设备的可靠性，需要通过直流场进行接线方式的切换，因此直流开关场存在较多的设备，同时增加了测量设备和保护设备，相关操作和控制保护更加复杂。

对称双极接线方式的海上换流站尺寸及重量较大，因此直流场如能采用直流 GIS 设备则可以较好地缩小平台尺寸和重量，但目前成熟的直流 GIS 设备国外有 ABB 和西门子等国外厂家，国内有西开电气、平高电气，未来受海上风电逐渐由近海转为深远海开发、海风柔直工程容量增大、海底电缆电压等级和载流能力进一步突破等因素影响，对称双极接线方式价格逐步降低，将成为主流接线方式。

3.1.3.3 启动回路

柔性直流输电在启动过程中需要限制对电容充电的电流，防止造成过电压，因此需要设置启动回路。海风柔直工程启动回路构成与陆上柔直工程不存在较大差异，但由于独立小电网通过柔直系统接入大电网的启动方式与常规输电柔直系统不同，海上站的 MMC 换流器充电采用的是直流侧充电方式，并且海上换流站不允许 STATCOM 运行，因此系统中仅在陆上换流站侧设置启动回路。

启动回路可配置于柔直变压器的阀侧，也可配置于柔直变压器的网侧，如图 3－6 所示为启动回路配置的 3 种较典型接线示意图：配置于阀侧可实现陆上柔直变压器和换流阀分段充电的方式，降低充电时对系统的冲击；配置于网侧可起到抑制柔直变压器涌流的作用，但该种接线方式也存在单次冲击电流大，换流阀和变压器一起充电需考虑谐振可能性的问题，因此具体选择应考虑设备参数、配置、对系统的影响，需综合根据技术经济性分析确定。启动回路可每台柔直变压器单独配置，提高设备冗余度和可靠性，也可集中配置，最小化启动回路配置数量并减小占地，具体可根据启动回路，特别是电阻的设备可靠性进行选择。

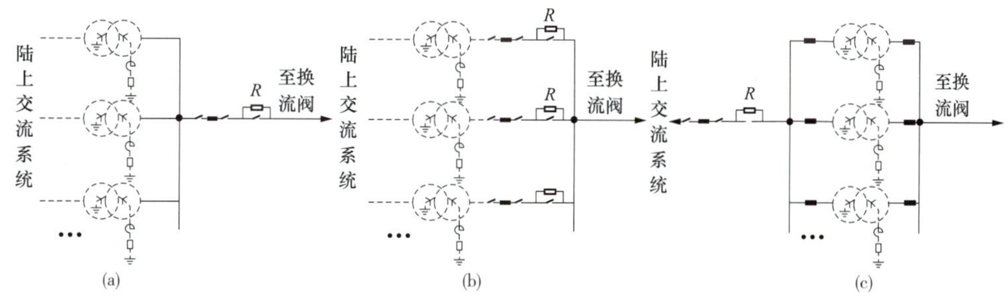

图 3－6 启动回路设置于柔直变阀侧接线示意图

（a）集中配置于阀侧；（b）分部配置于阀侧；（c）集中配置于网侧

3.1.3.4 测量装置布置

海风柔直工程测量点布置需结合系统的控制、调节、保护等功能进行，如图 3－7 所示为对称单极接线下的测量布置图，在这种布置的情况下，柔直变压器的阀侧中性点电压和电流量将和各类差动保护一起构成直流系统的主保护。

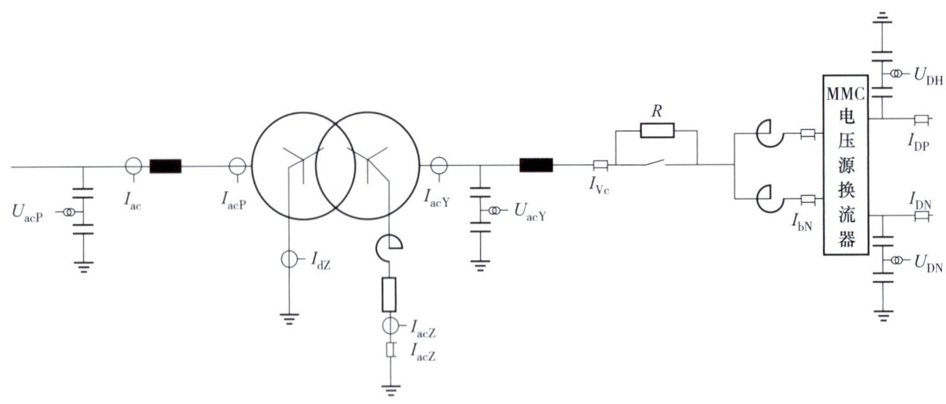

图 3－7　对称单极接线测量装置布置图

如图 3－8 所示为对称双极接线下的测量布置图，满足双极在各种运行方式下均能实现稳定的控制和可靠的保护。

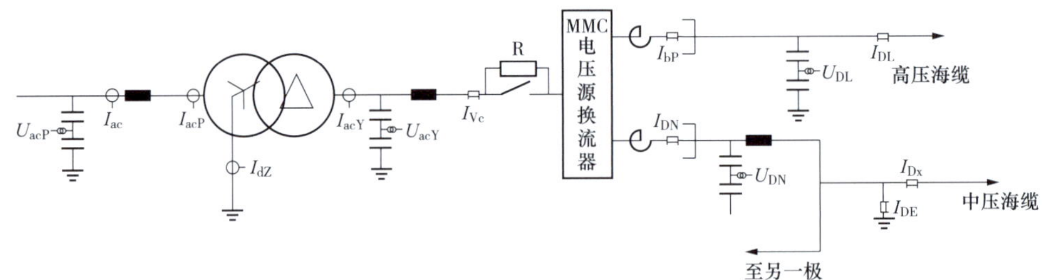

图 3－8　对称双极接线测量装置布置图

3.1.3.5　柔直变压器接线

海风柔直工程中柔直变压器设备本身成本在整个系统的占比较少，因此在柔直变压器接线选择时更加关注运输、占地可靠性等因素。此外，由于海上换流站与陆上换流站的使用条件不同，两者的柔直变压器配置也存在差异。

（1）对称单极柔直变压器接线。

1）海上换流站。对于对称单极系统而言，由于柔直变压器无需承受直流偏置电压，因此选择普通非自耦变压器即可，同时考虑到海上换流站维护检修不便以及海风自身出力一般无法达到满容量的因素，一般海上换流站配置 2－3 台柔直变压器，确保当单台柔直变压器发生故障后，柔直通道在考虑过负荷的情况下仍能满足 70% 的输送率。

海上换流站由于平台有限，一般柔直变压器选用三相变压器，同时如果交流主接线选用 66kV 集线系统情况下，柔直变压器选择网侧分裂绕组接线方式还可进一步提高可用率，当单组 66kV 接入集电故障后，仍能保障柔直变压器另一绕组接入功率的传

输。如图 3 －9 所示为对称单极海上换流站柔直变压器典型接线图。变压器内部绕组均相互独立，不采用自耦变压器的方式，以实现故障情况下的交直流隔离，避免直流电流进入交流系统各接地点。

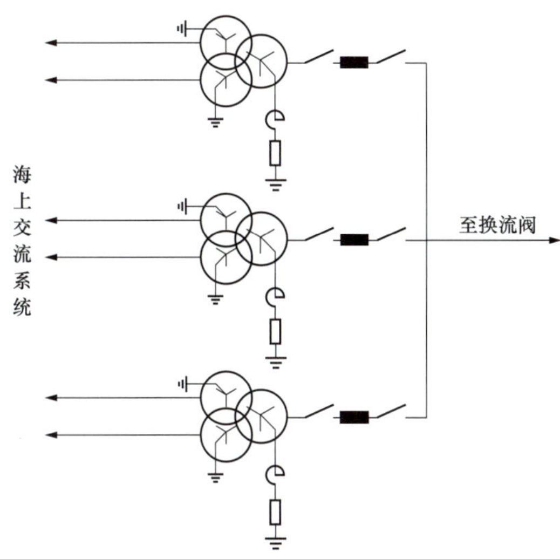

图 3 －9　对称单极海上站柔直变压器接线示意图

2）陆上换流站。由于陆上换流站具有较好的运输和检修条件，同时对空间紧凑化配置的要求较低，因此陆上换流站可选用三相变压器，也可选用单相变压器。此外，由于陆上换流站柔直变压器直接接入交流电网，因此陆上换流站柔直变压器直接采用双绕组变压器即可，同时与海上换流站相同的原因，陆上换流站变压器直流侧绕组与交流侧绕组必须相互独立，不能采用自耦变压器。如图 3 －10 所示为对称单极海上换流站柔直变压器典型接线图。

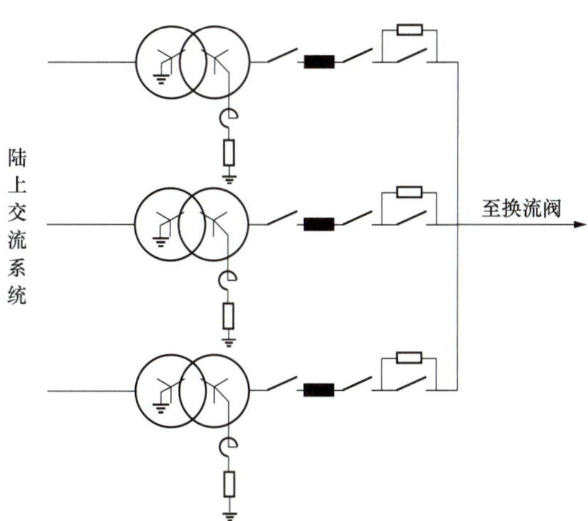

图 3 －10　对称单极海上站柔直变压器接线示意图

（2）对称双极柔直变压器接线。

1）海上换流站。对于对称单极系统而言，由于柔直变压器无需承受直流偏置电压，因此选择普通变压器设备即可，同时考虑到海上换流站维护检修不便以及海风自身出力一般无法达到满容量的因素，一般海上换流站配置 2－3 台柔直变压器，确保当单台柔直变压器发生故障后，柔直通道仍能满足 70% 的输送率。

海上换流站由于平台有限，一般柔直变压器选用三相变压器，同时如果交流主接线选用 66kV 集线系统情况下，柔直变压器选择网侧分裂绕组接线方式还可进一步提高可用率，当单组 66kV 接入集电故障后，仍能保障柔直变压器另一绕组接入功率的传输。如图 3－11 所示为对称双极海上换流站柔直变典型接线图。变压器内部绕组均相互独立，不采用自耦变压器的方式，以实现故障情况下的交直流隔离，避免直流电流进入交流系统各接地点。

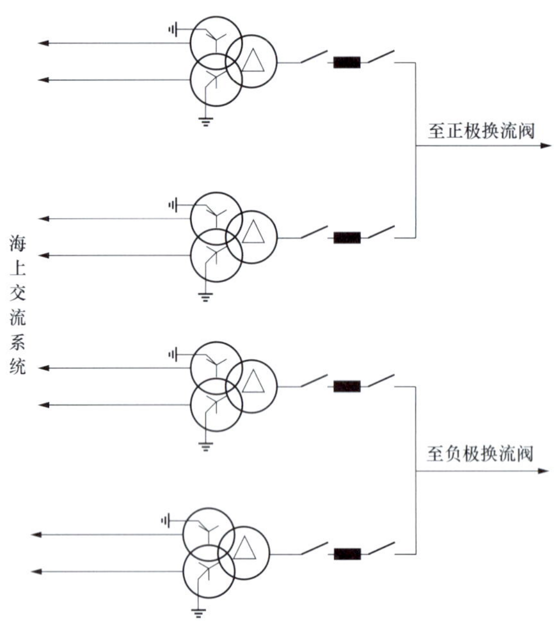

图 3－11　对称双极海上站柔直变压器接线示意图

2）陆上换流站。由于陆上换流站具有较好的运输和检修条件，同时对空间紧凑化配置的要求较低，因此陆上换流站可选用三相变压器，也可选用单相变压器。此外，由于陆上换流站柔直变压器直接接入交流电网，因此陆上换流站柔直变压器直接采用双绕组变压器即可，同时与海上换流站相同的原因，陆上换流站变压器直流侧绕组与交流侧绕组必须相互独立，不能采用自耦变压器。如图 3－12 所示为对称双极海上换流站柔直变压器典型接线图。

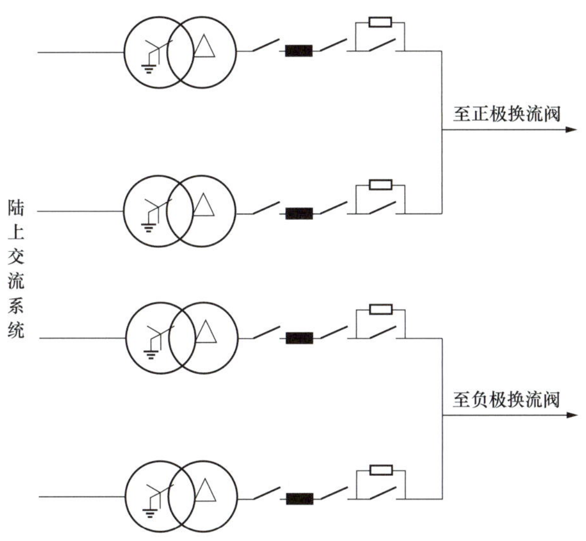

图 3－12　对称双极陆上站柔直变接线示意图

3.1.3.6　桥臂电抗器接线

桥臂电抗器可配置于柔直换流阀的交流侧或直流侧，但对于海风柔直系统而言，由于线路采用海缆，具有较大的对地电容，因此如桥臂电抗器配置于柔直变压器阀侧，则如图 3－13（b）所示，当桥臂电抗器与柔直阀连接点处发生接地故障后会导致接地点与海缆对地电容形成故障回路，产生较大的放电电流。如桥臂电抗器配置于柔直阀直流出线侧，则如图 3－13（a），则可对故障电流上升率起到的抑制作用，有助于柔直阀的关断。

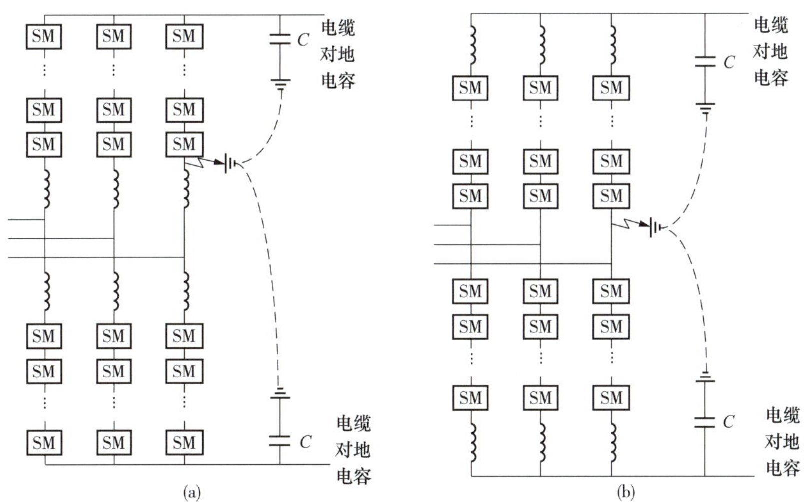

图 3－13　不同桥臂电抗器接线方式下故障示意图

（a）平波电抗器配置在换流阀交流侧；（b）平波电抗器配置在换流阀直流出线侧

3.1.3.7 接地方式

在柔性直流输电系统中，接地方式的选择至关重要，接地可为系统稳定运行提供电压钳位点，也可为接地故障时候提供零序通路。

（1）对称单极接地方式。对称单极接线方式的接地点的选择有两类，一类是在柔直变压器阀侧配置接地点，另一类在直流侧通过平衡电阻或电容提供直流中性点接地。当柔直变压器阀侧不接地时，柔性直流系统极线电压通过极线接地电阻或电容确定。当柔直变压器阀侧及直流系统均不接地时，柔直系统极线电压受极线对地杂散参数控制，两极电压平衡性较差，因此阀侧及直流系统均不接地的柔直系统运行稳定性较差。

1）柔直变压器 Ynd 阀侧经电阻接地。如图 3 – 14 所示，柔直变压器采用 Ynd 接线方式，阀侧 D 型接线不接地可有效防止零序分量在交流系统与直流系统间的传递，直流侧经电阻接地可为系统提供电压钳制点。但在该种接地方式下，由于接地电阻的存在，当接地电阻较小时会导致系统稳态运行时产生有功损耗，也会发热，当接地电阻较大时无法保障接地效果，两极之间电压平衡性较差，直流接地故障时也没有零序通路，仅能通过检测系统电压变化配置直流保护。

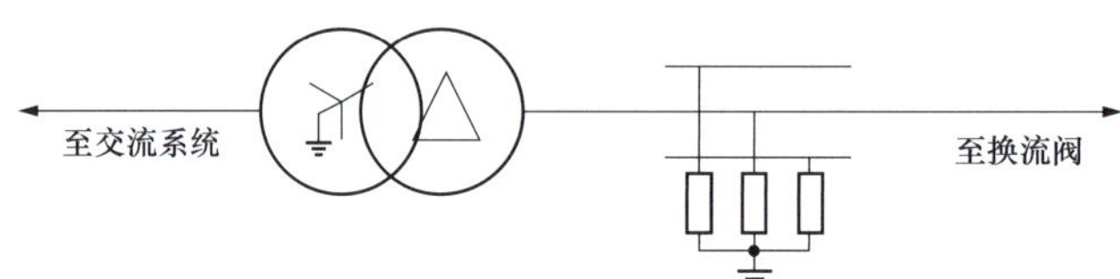

图 3 – 14　柔直变压器 Ynd 阀侧经电阻接地

2）柔直变压器 Ynd 阀侧经电容接地。如图 3 – 15 所示，柔直变压器仍采用 Ynd 接线方式，直流侧采用经电容接地提供电压钳制点。该种方式下稳态运行不存在长期的有功损耗，但与直流侧经电阻接地类似，电容取值需考虑极线对地杂散电容的影响，两极线间电容误差必须较小才能保障极线电压的平衡。由于海风柔直工程线路采用海缆，极线对地电容均较大，因此海缆电容还会对直流接地电容的可靠性造成影响。

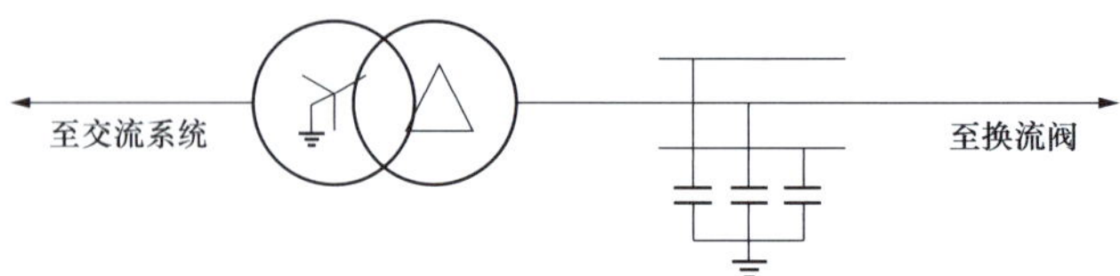

图 3 – 15　柔直变压器 Ynd 阀侧经电容接地

3）柔直变压器 Ynd 阀侧星型电抗中性点经电阻接地。如图 3－16 所示，柔直变压器采用 Ynd 接线方式，柔直变压器阀侧采用星型电抗，中性点经电阻接地，直流侧不接地。该种接线方式可在直流接地故障时提供零序通路，为保护提供较为快速的故障检测信号，同时接地电阻也有有效限制零序分量电流。但该种接线方式下，星型电抗的存在会导致系统运行时产生长期的无功损耗，电抗的取值须尽量偏大来限制无功损耗，导致设备制造难度增大，同时需要额外的为电抗器的安装预留空间。

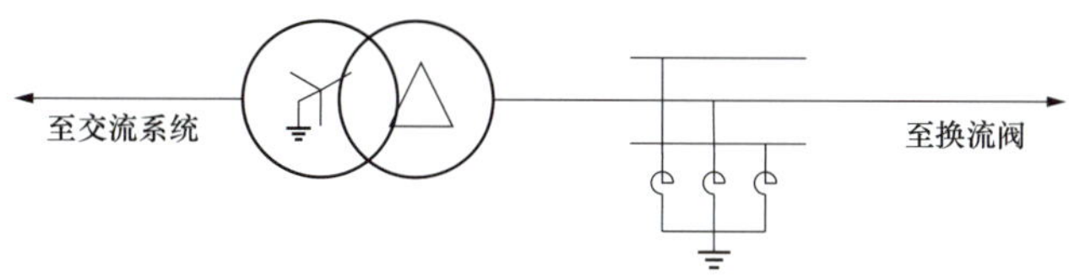

图 3－16　柔直变压器 Ynd 阀侧星型电抗中性点经电阻接地

4）柔直变压器 Ynyn 阀侧变压器中性点经电阻接地。如图 3－17 所示，柔直变压器采用 Ynyn 接线方式，网侧中性点直接接地，阀侧变压器中性点经电阻接地，直流侧不接地。该种接线方式下柔直变压器可考虑增加平衡绕组以限制零序分量的传递，是否需要配置平衡绕组需根据设备或者系统其他限制条件综合考虑，例如鲁西背靠背工程即采用该种接地方式且未增加平衡绕组，但渝鄂背靠背工程及青州五六七送出工程均采用了该种接地方式并增加了平衡绕组。

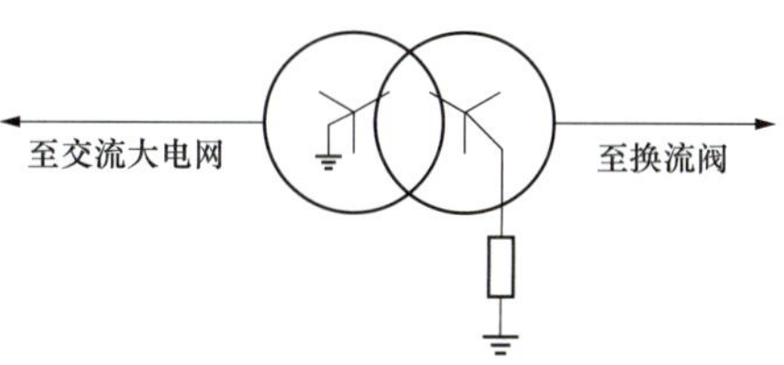

图 3－17　柔直变压器 Ynyn 阀侧变压器中性点经电阻接地

5）柔直变压器 Ynyn 阀侧变压器中性点经电抗电阻接地。海风柔直工程为提高直流电压利用率，有时候需采用三次谐波注入技术，对于阀侧变压器中性点经高阻接地的方式而言，三次谐波注入会导致谐波电流在接地回路中流通，造成接地电阻损耗增大，因此不能直接采用高阻接地的方式。国外在采用三次谐波注入技术的工程中，采用了阀侧星型电抗中性点经电阻接地的方式，因此对于 Ynyn 接线方式的阀侧中性点可采用经电抗和电阻串联接地，如图 3－18 所示。

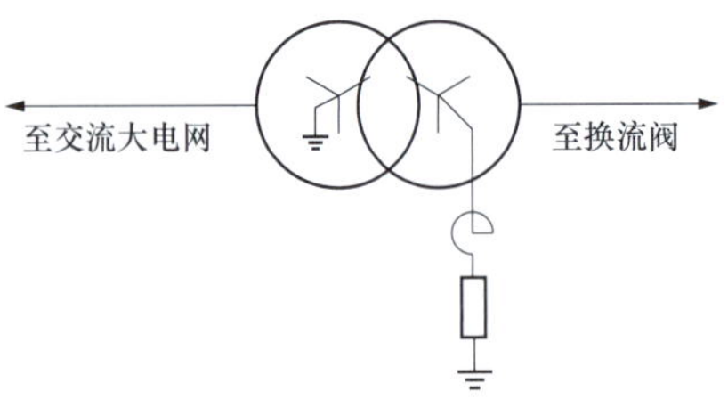

图 3-18　柔直变压器 Ynyn 阀侧中性点经电抗电阻接地

6）柔直换流阀出线侧经平衡电阻或电容接地。如图 3-19 所示为柔直换流阀出线侧经平衡电阻或电容接地方式，经平衡电阻接地可使直流系统与大地建立电气联系，便于绝缘监测。当系统发生一点接地时，根据平衡桥原理，绝缘监测仪能及时巡检出接地支路并告警，以便运维人员及时消除系统的接地故障；经平衡电容接地平衡电容能够通过其容抗特性，对特定频率的谐波电流提供低阻抗通路，使谐波电流更多地通过电容流入大地，从而减少流入系统其他部分的谐波含量。

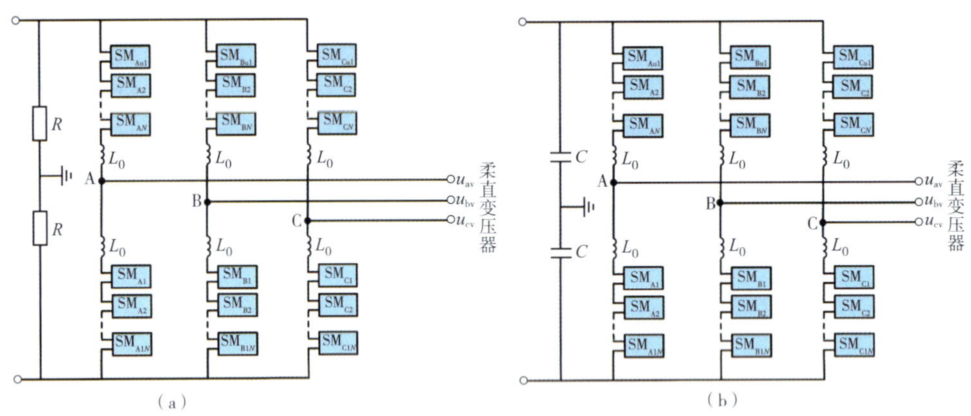

图 3-19　柔直换流阀出线侧经平衡电阻或电容接地

（a）柔直换流阀出线侧经平衡电阻接地；（b）柔直换流阀出线侧经平衡电容接地

（2）对称双极接下线的直流侧接地方式。海上柔直工程的对称双极接地方式与陆上双极柔直系统有较大的区别，考虑到接地极入地点会造成电位变化，从而影响风电场电气设备，海风柔直工程的双极中性点无法配置海水接地极，因此在受端中性线处直接配置经站内接地网接地即可，同时为限制短路电流，该接地方式需加装限流电阻，从而保证故障情况下，不因注入接地地网的电流过大而出现交流场 TA 铁芯饱和导致交流保护大面积误动的情况发生。

3.2　运行方式

3.2.1　启动方式

由于海上风电本身不与电网连接，也不能通过接入负荷形成平衡的电网，在整个系统处于停运状态的时候，不存在合适的交流电压和频率供风机启动，因此海风柔直系统的启动需要采用黑启动方式，如图 3－20 所示。

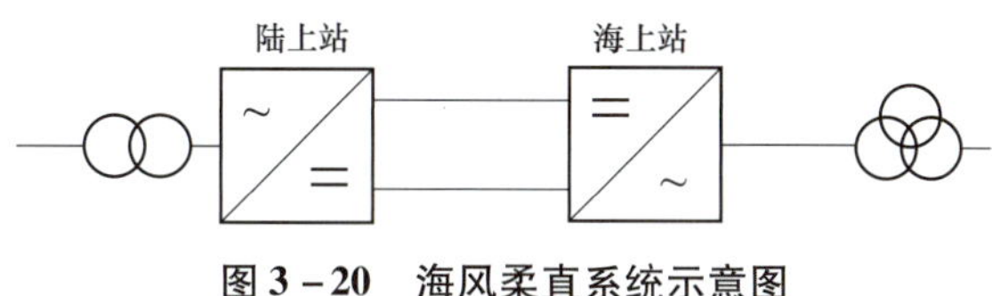

图 3－20　海风柔直系统示意图

以启动电阻位于陆上站网侧为例，启动步骤如下：

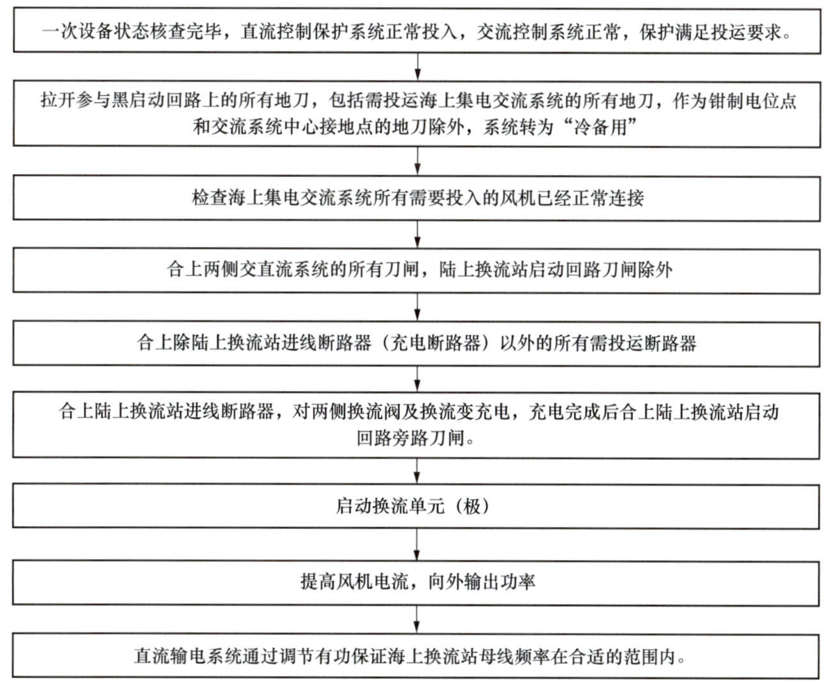

若启动电阻位于陆上换流站阀侧，则充电顺序可考虑先充陆上变压器，再充换流阀及海上换流站的方式进行。

对于充电过程，主要分为三个阶段，分别为：不可控充电、可控充电、动态均压。不可控充电为交流系统通过功率模块内置二极管向整流侧和逆变侧换流阀充电的过程，一般可充电至额定电压的40%左右。在功率模块得电，可以控制开通和关断后，通过阀控系统依次对个别或者一部分功率模块充电的方式将所有功率模块充电至额定电压状态。在全部功率模块均充满电后，通过控制超出电压范围的电压最高和最低的功率模块的投入和退出，维持功率模块整体电压不离散。

3.2.2 功率传输方式

海风柔直工程的功率传输方式与陆上直流工程存在较大差异，由于海上风电场的发电出力受风能资源影响，并且送端系统属于孤岛系统，主要有以下几种功率传输方式：

风机并网发电送出方式。风机正常发电，直流系统通过采集到的孤岛系统的频率和电压动态调整系统的功率，保证输出功率的同时，维持孤岛系统稳定运行。

直流系统供应风电场方式。风力严重不足或者不满足风机安全稳定运行的要求，风电场通过直流系统从电网中获取维持海上平台、风机维护所需电源的方式。该方式下直流系统的有功负荷将比较小。

直流系统模拟交流联络线方式。柔性直流系统将自身模拟成一个固定阻抗的交流线路，系统的输送功率根据两侧交流系统的情况来决定。但是当出现严重故障时，直流系统会瞬间转为定功率方式，限制故障电流。

3.2.3 STATCOM运行方式

STATCOM运行方式是柔性直流特有的运行方式，依靠电压源换流器能够独立控制有功和无功的能力，在不接入直流线路的情况下，向交流系统提供容性无功和感性无功。该方式在直流输电系统中较少单独使用，但是如果海上风电因故停运，而陆上换流站无需检修的时候可以维持其向交流系统提供无功的能力。

在海风柔直系统中，由于海上换流站接入风电场为孤岛系统，因此海上换流站一般不配置STATCOM运行方式，仅在陆上站设置STATCOM运行方式，对称双极还可以实现两极独立STATCOM运行方式。

3.2.4 停机方式

随着自动化和智能化水平的不断提高，同时考虑到海上换流站的恶劣的环境及物

资运输的便利性差，海风直流系统通过陆上换流站的集控中心完成相关停机操作。

风电场整体停机通过直流闭锁，跳开陆上换流站断路器的方式进行停运，海上换流站及交流系统保持完整的接线，方便后期充电并恢复风电场的正常运行。

海上交流系统部分停机的方式与常规风电场停机没有区别，通过降低风机的出力，待电流降低接近 0 之后断开相应断路器。直流系统将自动根据自己的控制方式匹配有功功率和无功功率。

3.2.5 对称双极运行方式

对称双极接线方式用较多的投资换来了更多的控制灵活性和可靠性，根据接线和投运设备的不同，主要有以下三种运行方式。

3.2.5.1 双极带金属回线运行模式

双极带金属回线运行模式是对称双极直流系统最常规，也是最完整的运行方式，由于极 1 和极 2 电流在金属回线中方向相反，最终金属中性线流过两极的不平衡电流；在金属回线存在绝缘问题时，可考虑降低功率较大的极的负荷，使双极负荷相等，从而将金属回线内电流控制至 0，从而短时间维持直流系统继续运行。

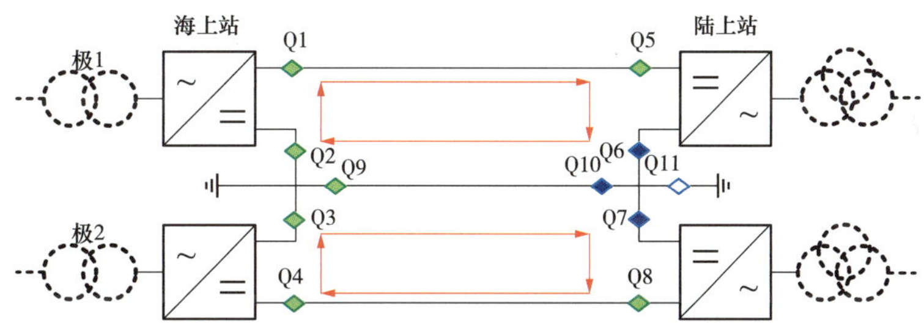

图 3－21 双极带金属回线运行配置

3.2.5.2 双极不带金属回线运行模式

在图 3－21 的基础上，如果我们能时时刻刻控制双极电流相等，那么金属回线就具备了“退出”系统的条件。该方式要求海上交流系统存在功率在两极间转移的能力，从而为控制双极在任何时候功率均相等提供物理通道。如图 3－22 所示，电流在两个极和两个换流站之间形成回路。

3.2.5.3 不对称单极运行模式

当对称双极系统的某一极因为设备检修，设备故障，或者受相连的交流系统所累而强迫停运的时候，另一极可通过金属回线形成不对称单极运行模式，运行方式

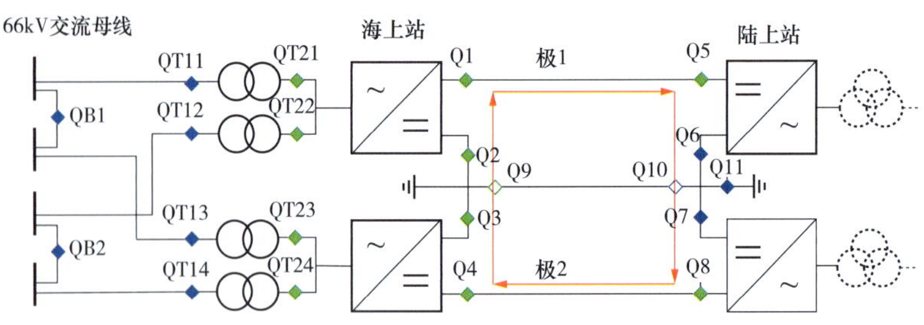

图 3－22　双极不带金属回线运行配置

如图 3－23 所示。由于海风柔直是通过金属中性线作为电流流通回路，而非采用大地回路，因此其可以长时间维持该方式运行。

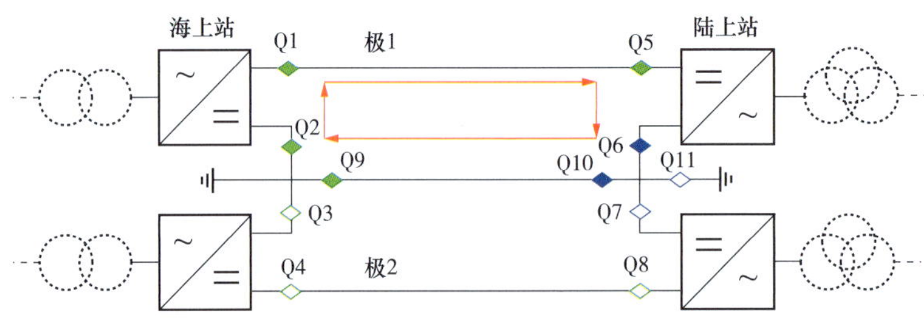

图 3－23　不对称单极运行配置

3.2.6　OLT（Optical Line Terminal 直流空载加压试验）运行方式

考虑到直流电缆不受大气过电压的影响，且发生故障极大概率都是永久性故障，同时考虑成本因素，海风柔直的换流阀采用半桥功率模块结构，该结构的换流阀不具备对直流场或者直流场＋直流电缆实现 0 起升压的能力，但是其在充电阶段可通过控制系统使直流电压会低于额定电压，因此海风柔直系统的 OLT 试验其实是检验相关设备是否能够承担额定电压能力的试验。

根据 OLT 所针对的设备不同，OLT 可分为带直流电缆和不带直流电缆的情况，通过直流集控系统完成相关的接线配置和解锁控制。

3.3　故障响应方式

基于海风柔直系统存在的新能源送出特性，其系统故障后的响应方式与陆上柔直工程也存在较大差异。

3.3.1　风场故障

当海风柔直系统送端风电场发生故障后：如果是单一风机故障，则该风机退出运行，整体直流输送功率降低相应风机出力；如果是回路故障，则系统将瞬间失去较多电源，会对海上交流系统造成较大的冲击，引起交流系统电压和频率降低，此时直流控制系统需要在保证保护不动作的前提下，迅速调整电压和频率保证海上集电交流系统正常运行。对于切除的风机，通过其自带的耗能装置和制动系统消耗掉能量并转为停运状态。

3.3.2　受端交流系统故障

当海风柔直系统陆上交流系统发生故障后，直流控制系统会迅速采取措施控制过电压和过电流，当控制系统作用之后，系统的电压依然超过设定电压，设置在换流站的耗能装置将被投入运行，消耗风电场的有功功率，为风机快速停运提供条件。

3.3.3　柔直系统故障

当海风柔直系统自身发生故障后，对于对称单极配置的海风柔直系统，在发生系统故障时，风电场将直接受累停机；对于对称双极配置的海风柔性系统，在发生单极故障时，风电场在有汇流母线或者备自投装置的情况下可通过另一极将功率传输至陆上电网，如果功率超过单极系统的允许功率，超过部分风机将受累停机；若对称双极配置的海风系统海上交流电网无功率转移的通道，则停运极对应的风机将会受累停机。

第4章

海上换流站

4.1　整体结构概述

在海风柔直系统中，海上换流站是重要组成部分之一。海上换流站位于海洋平台上，长期运行于复杂的海洋环境中，因此其整体结构的设计至关重要。

海洋平台的结构主要分为两个部分，上部组块和下部基础结构，如图4－1所示。

图4－1　海上换流站结构示意图

上部组块和下部基础结构一般独立建造和施工，安装时上部组块通过柱腿插入下部桩顶的方式与下部基础结构连接。

4.1.1　上部组块

海上换流站位于海平面上，易受盐雾及潮气侵蚀，为保持海上换流站内部干燥，海上换流站上部组块大部分设备间采用全封闭式结构，迫使外界环境中的潮气、灰尘、盐雾等不能侵入到换流站内部，使设备工作环境始终保持洁净、干燥状态，避免设备绝缘下降、闪络等。

由于设备重量大、尺寸大、电缆多，因此上部组块一般设计为多层平台加设备舱室的整体结构，多层平台为带支撑的钢桁架，设备舱室为钢板或带肋钢结构，主梁一般采用箱型梁及H型钢，立柱采用钢管，底层甲板之上满铺钢板，在立柱、撑杆与主梁交点处管节点用钢材加强，顶部屋面设置坡度用于排水，平台侧面设置直升机升降平台，如图4-2所示。

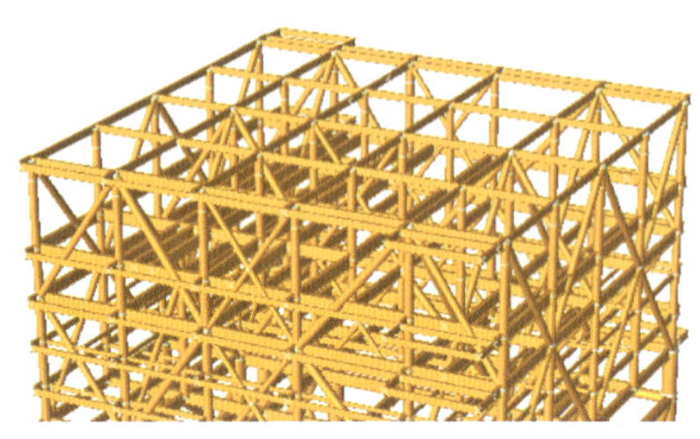

图4-2　海上换流站上部组块结构

上部组块在陆上工厂制作，完成焊接、涂装、电气设备安装调试等工序，在结构、建筑生活、暖通、电气设备安装等施工完成并调试结束后运输至海上安装。海上平台船坞内建造示意图见图4-3。

图4-3　海上平台船坞内建造示意图

4.1.2　下部基础结构

海上平台按运动方式，可分为固定式与移动式两大类，如图4-4所示，运动方式的不同主要由下部基础结构的不同来区分。

4.1.2.1　导管架式海上平台

导管架平台又称桩式平台，是由打入海底的桩柱来支承整个平台，能经受风、浪、

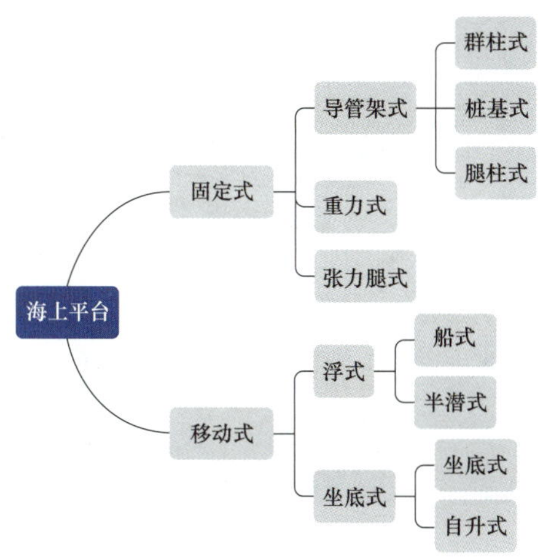

图4－4　海上平台结构形式分类

流等外力作用，可分为群桩式、桩基式和腿柱式。导管架平台主要由：导管架、桩、导管架帽和甲板四部分组成，具有适应性强、安全可靠、结构简单、造价低的优点。

（1）群柱式。群柱式平台先在海上打好群桩，然后在桩上拼装平台甲板与设备。由于此式平台在海上的工作量大，施工期长，因受海上环境的限制，目前已很少采用。

（2）桩基式。桩基式平台用钢桩固定于海底。钢桩穿过导管打入海底，并由若干根导管组合成导管架。导管架先在陆地预制好后，拖运到海上安放就位，然后顺着导管打桩，桩是打一节接一节的，最后在桩与导管之间的环形空隙里灌入水泥浆，使桩与导管连成一体固定于海底。这种施工方式，使海上工作量减少。平台即设于导管架的顶部，高于作业的波高，具体高度须视当地的海况而定，一般大约高出4～5m，这样可避免波浪的冲击。桩基式的整体结构刚性大，能适用于各种土质，是最主要的固定式平台。但其尺度、重量随水深增加而急骤增加，所以在深水中的经济性较差。目前我国唯一已建成的海上换流站平台，如东海风柔直平台即采用桩基式下部基础结构。

（3）腿柱式。桩基式平台由于杆件多，间距小，如在冰区，不利于流水的移动，且承受冰挤压的面积较大，导致整个平台的受力状态恶化。而腿柱式，其特点为弦杆的数量少。例如采用四腿柱式的，其撑材数量大为减少，甚至在潮差带这一区域常不设撑材，使承受冰挤压的面积大为减少，冰对腿柱的作用力也减小，平台的受力状态大为改善。所谓弦杆即腿柱，一般直径为5～6m，每根腿柱内要打若干根桩，以加强腿柱，立管也设在腿柱内，受到较好的保护。腿柱式的整体造构刚性不及桩基式，仅适用于冰区。桩基式海上平台见图4－5。

图 4-5　桩基式海上平台

4.1.2.2　重力式海上平台

重力式海上平台是与桩基平台不同的另一种形式的平台。是完全依靠自身的重量，坐于海底的平台。它不需要用插入海底的桩去承担垂直荷载和水平荷载，完全依靠本身的质量直接稳定在海底。多用钢筋混凝土建造，重力大、重心低，有利于结构物的稳定。通常由一个基座支承数根桩使甲板高出水面，其特点是能在岸上或有遮蔽的水域建造，再以半潜的方式拖至选定的工作地点，采用灌注海水法下沉，并能在短期内安装完成，使用寿命较长。重力式海上平台见图 4-6。

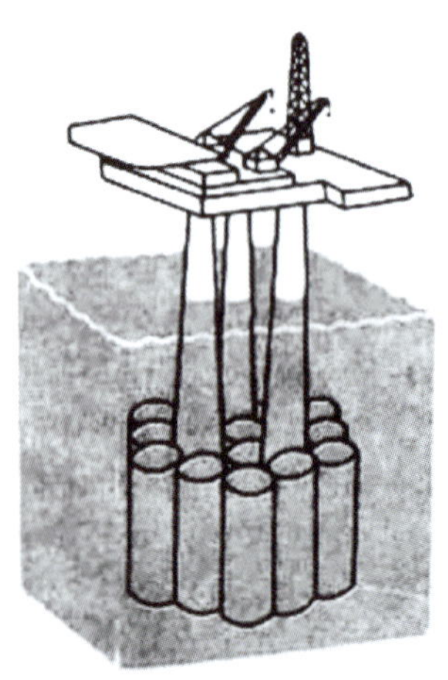

图 4-6　重力式海上平台

4.1.2.3　张力腿式海上平台

张力腿式海上平台亦称“张力式海上平台”，固定式海上平台的一种，利用一定数量、合理分布并固定在海底的张紧钢缆（俗称“张力腿”）的张力与上部结构的浮力

平衡，使浮于海面附近的平台被固定在一个选定的位置上（平面位置和高程）。这样，水动力作用下的平台水平移动和升降运动都受到限制，这种平台的使用水深可达600m，是未来深远海风电海上换流站平台可以应用的主要形式平台。张力腿式海上平台见图4－7。

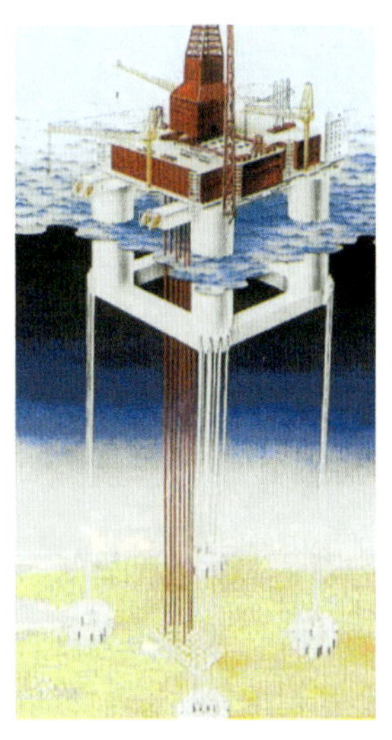

图4－7　张力腿式海上平台

4.1.2.4　浮式海上平台

浮式海上平台分为船式和半潜式。

（1）船式。浮船式平台顾名思义，就是利用船体作为下部基础，在船上布置设备，平台靠锚泊或动力定位系统定位。浮船式平台船身浮于海面，易受波浪影响。船体的排水量从几千吨到几万吨不等，它既有普通船舶的船型和自航能力，又可漂浮在海面上。浮式海上平台普遍应用于海洋石油开采，即钻井船，海上换流站由于平台设备多，无需大范围移动，因此基本不会采用该种形式。

（2）半潜式。半潜式钻井平台，又称立柱稳定式钻井平台，大部分浮体没于水面下，是从坐底式钻井平台演变而来的，是目前最适合用于海上换流平台的移动式平台形式。

平台主要由本体、立柱和下体或浮箱组成，在下体与下体、立柱与立柱、立柱与平台本体之间还有一些支撑与斜撑连接。在下体间的连接支撑，一般都设在下体的上方，这样，当平台移位时，可使它位于水线之上，以减小阻力。

半潜式平台的类型有多种，其主要差别在于水下浮体的式样与数目，按下体的式样，大体上可分为沉箱式和下体式两类。船式海上平台见图4－8。

图 4-8　船式海上平台

沉箱式是将几根立柱布置在同一个圆周上，每一根立柱下方设一个下体，称为沉箱。沉箱的剖面有圆形、矩形、靴形。沉箱的数目，亦即立柱的数目，有三个、四个、五个不等。

下体式中最常见的是两根鱼雷形的下体分列左右，每根下体上的立柱数可以有两根、三根、四根。下体的剖面有圆形、矩形、或四角有圆弧的矩形。为了减小平台在移位时的水阻力，将下体的首尾两端做成流线型体。最常见的是双下体型和四下体型还有环型下体式，是用四根立柱支承平台本体，立柱下方支承于一个圆形剖面有十二边的环形下体上。此种型式根据模型试验表明耐波性较好，但阻力较大。半潜式海上平台见图 4-9。

图 4-9　半潜式海上平台

4.1.2.5　坐底式海上平台

坐底式平台分为坐底式和自升式。

（1）坐底式。坐底式平台工作原理是利用其浮体（沉垫或稳定立柱）灌水下沉，用几个立柱支承固定高度的上层平台，使平台固定，当需要移动时，排除浮体（潜体）

中的水而起浮后转移。

坐底式平台具有构造比较简单，投资较少，建造周期较短等优点，正常坐落于海底，移位时浮到海面上，适用于河流和海湾等30m以下的浅水域，海床平坦的浅海区。

坐底式平台有两个船体，上船体又叫工作甲板，安置生活舱室和设备，下部是沉垫，其主要功能是压载以及海底支撑作用，两个船体间由支撑结构相连。从稳性和结构方面看，受到海底基础（平坦及坚实程度）的制约，所以该平台发展缓慢。目前坐底式平台在海洋石头钻井平台中有应用，但是在海上换流平台中未有应用。坐底式海上平台见图4－10。

图4－10　坐底式海上平台

（2）自升式。自升式平台带有能够自由升降的桩腿，固定时桩腿下伸到海底，站立在海床上，利用桩腿托起船壳，并使船壳底部离开海面一定的距离（气隙）。自升式海上平台见图4－11。

图4－11　自升式海上平台

自升式平台由平台结构、桩腿及升降机构组成，其中自升式钻井平台的主船体部分是一个水密结构，当其浮于海面上时，主船体部分产生的浮力用以平衡桩腿、机械、结构等的重力。自升式钻井平台包括很多通用的结构，最大的不同在于桩腿结构、升降系统、桩腿与船体之间的载荷传递系统。目前自升式平台在海洋石头钻井平台中有应用，但是在海上换流平台中未有应用。

4.2 海上换流站主要设备

4.2.1 海上柔直变压器

柔性直流输电的柔直变压器是交直流两侧功率输送的纽带，可在交流系统和换流器之间与桥臂电抗器一起提供接口电抗，提供与直流侧电压相匹配的交流二次侧电压，使换流器工作在最佳的运行范围内，确保换流器调制比在合适的范围，以减小换流器输出电压和电流的谐波含量，阻止零序电流在交流系统和换流站间流动。

4.2.1.1 配置形式

由于海上换流站通常采用无人值守的运维模式，其检修和运维的成本大、周期长，单台柔直变压器故障的检修更换时间可能达到数个月，若海上换流站发生柔直变压器故障造成整片海域的风电场弃风，将产生严重的经济和社会影响。且海上换流站的场地条件苛刻，设备占地面积和重量对海上换流站平台的投资有重要的影响，因此，采用多台容量相同的三相柔直变压器并列运行的接线方式，其优点在于，任意 1 台柔直变压器故障时，可由互为备用的联接变压器带整个柔直系统运行，整个柔直系统不退出运行，风电场所发出的电能可继续通过柔直系统输送至陆上交流电网，待故障柔直变压器完成检修安装后，恢复故障联接变压器并列运行。由于海上柔直变压器网侧电压一般不用调压，所以不配置调压绕组和有载分接开关。

4.2.1.2 容量选择

联接变容量计及自身损耗、电抗器损耗和站用电负荷，联接变额定容量应大于换流器容量，且任意 1 台柔直变压器故障时，剩余柔直变压器容量不宜低于海上换流站额定直流输送功率的 70% 。例如 2000MW 的柔直输电工程，结合三相变压器的运输尺寸限制，降低大件运输难度，可设置 3 台 700MVA 的联接变压器，同时每台联接变压器具备短时 1.5 倍过负荷能力。

4.2.1.3 冷却方式

海上升压站主变压器容量较小，优先采用油浸自冷冷却方式，变压器散热器伸出变压器室布置，降低了冷却系统的复杂性及维护难度，能够更好适应海上高湿度、高盐雾的环境。对于海上换流站，由于单台柔直变压器容量较大，采用油浸自冷将配置较大规模的变压器散热器，过多地增加设备体积和重量，而强制风冷系统不可避免会与高湿度、高盐雾的环境接触，可靠性难以控制。因此，海上换流站柔直变压器通常采用水冷方式，可与换流阀的水冷却系统共用水处理及公共冷却部分，既节省空间，也能降低总体造价。

4.2.1.4 连接方式

对称单极方案接线方式下，正常运行时柔直变压器阀侧不承受直流偏置电压，柔直变与柔直阀的连接采用常规交流 GIS 即可。但对称双极方案接线方式下，柔直变压器阀侧在正常运行时需承受直流偏置电压，其阀侧绕组必须为全绝缘结构，并通过直流耐压的考核。柔直变与柔直阀之间的连接套管应采用直流套管代替常规的交流套管。

4.2.2 海上柔直换流阀

海风柔直工程的海上柔直换流阀设备功能要求与常规陆上柔直工程换流阀设备功能基本一致，设置于上部组块阀厅中，由于海上换流站平台空间有限，因此海上柔直工程所用换流阀相较于陆上柔直工程对紧凑化、轻型化提出了更高的要求。

4.2.2.1 拓扑选择

柔直换流阀由可关断的电力电子器件 IGBT 组成，通常有半桥型 MMC 和全桥型 MMC 两种拓扑型式（见图 4－12），但是由于全桥型 MMC 每个模块的 IGBT 数量是半桥型 MMC 的两倍，换流阀造价昂贵、重量增加，同时海上风电柔直送出为海缆工程，直流线路故障基本上为永久性故障，无需选用具有直流故障自清除能力的全桥 MMC 拓扑。因此，海上柔直换流阀推荐采用半桥型 MMC 拓扑结构。

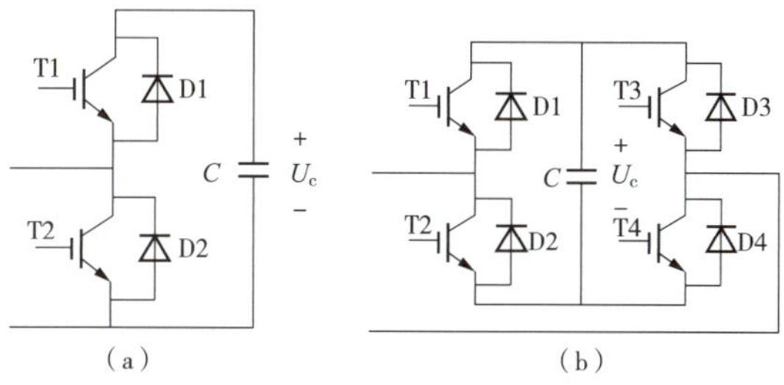

图 4－12 MMC 拓扑型式

（a）半桥 MMC 子模块；（b）全桥 MMC 子模块

4.2.2.2 结构型式

现阶段柔直换流阀主要有支撑式和悬吊式两种安装型式，悬吊式在复杂的海洋环境下，对航运、平台吊装、靠船以及波浪冲击等振动适应性更强。但悬吊式安装对换流站阀厅顶部结构的受力要求更高，海上换流平台的造价更高，更换模块不便捷，国内外海上和陆上柔直换流站多采用支撑式阀塔结构。悬吊式及支撑式柔直阀见图 4－13。

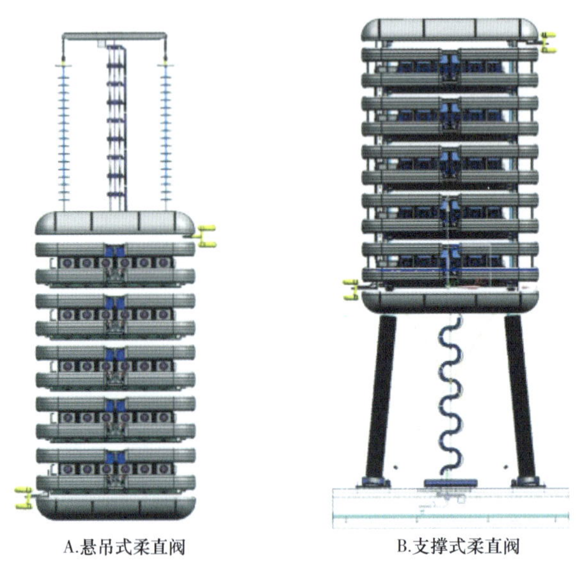
A.悬吊式柔直阀　　B.支撑式柔直阀

图 4－13　悬吊式及支撑式柔直阀

4.2.2.3 轻型化技术

通过提高子模块电压利用率可优化换流阀重量及体积，当柔直系统额定直流电压确定后，通过提高 IGBT 的工作电压可大大减少柔直阀中子模块的数量，从而降低柔直阀的整体重量。

此外，减低子模块容值也可以大幅减轻子模块的重量，采用调制比更高的子模块混合型拓扑结构、纹波抑制控制策略，注入二倍频电流和三倍频电压于桥臂上，可降低子模块电容器电压纹波。一些工程实例中，可通过上述技术手段将 MMC 柔直阀子模块电容容值相比传统技术路线降低 35%，显著降低海上换流阀的重量和体积。

4.2.3 桥臂电抗器

海上换流站桥臂电抗器也需考虑紧凑化、轻型化的要求。目前，国内桥臂电抗器在设备尺寸和重量方面均大于国外设备，特别是线圈重量差异巨大。如桥臂电抗器重量较小时，可以考虑通过室内吊具进行吊装，因此桥抗室布置位置比较灵活，当重量较大时，需要通过平台顶部海工起重机起吊，因此国内海上换流站平台的桥臂电抗器室均布置在平台上层，限制了平台整体布置优化水平。

桥臂电抗器主要有油浸式电抗器和干式空芯电抗器两种。油浸式电抗器的特点是电感值可做得较大，但其体积大，占地面积大，重量更重，且为带油电气设备，需要配置专用的消防设备。干式空芯电抗器的特点是体积小，占地面积小，重量轻，且干式空芯电抗器为不带油设备，不需要配置专用的消防设备，但是干式空芯电抗器的电感值较难做大，且存在漏磁，可能会引起周边的导磁元件发热。海上换流站的场地条件苛刻，若采用油浸式电抗器，占地面积大，工程投资相应的增加，因此，海上换流站一般采用干式空芯电抗器。确定桥臂电抗器室的尺寸时，应考虑干式空芯电抗器漏磁引起周边的导磁元件发热的可能性，必要时需开展电磁发热仿真计算。

4.2.4 海上 GIS/GIL 配电装置

海上换流站为节约空间，降低上部组块尺寸，在交流集线及各设备连接等环节一般采用 GIS/GIL 配电装置。

4.2.4.1 交流 GIS 配电装置

海上换流站的交流集电线路较多，为节约空间，一般采用交流 GIS 设备。此外，由于柔直变压器与阀厅分置于不同舱室内，为实现紧凑化布置，柔直变两侧开关一般也使用 GIS 设备，并通过穿墙 GIL 实现柔直变与柔直换流阀的连接。

海上换流站 GIS 设备在电气性能除需满足相关的 GIS 通用国家标准外，还需考虑设备的高可靠性，尽量做到免维护或减少维护。

海上换流站 GIS 设备在空间和机械性能方面，除需满足紧凑化的要求外，还需防止平台振动的影响，在固定结构和与其他设备的连接方式上需要考虑必要的长期抗振措施，在工程设计初期还需要对 GIS 布置结构进行相关的受力计算来确定 GIS 安装基础、钢结构支撑等所需的设计强度就及后续安装固定工艺要求。在防腐性能方面，GIS 设备的防腐设计年限应至少不小于 25 年，虽然 GIS 本身具有较好的防腐性能，但通常仍放置于户内，防腐等级应至少满足 ISO 12944 C4 级要求。

海上换流站 GIS 设备在可维护性能方面，通常会预留检修区域和巡检空间便于必要的巡检，同时 GIS 在线状态监测技术已日臻成熟，如局放监测、气体密度或气压监测等，这些都已在陆上变电站中得到广泛的应用，这些关键的监测手段能更有效地提升运维效率。

4.2.4.2　直流 GIS 配电装置

（1）直流 GIS 简介。目前，国内海上换流站直流场设备均采用敞开式设备（AIS），但随着直流 GIS 技术的发展，未来为进一步减小直流场舱室尺寸，直流 GIS 技术将成为海上换流站的主要选择，交流集线 GIS 示意图见图 4－14。

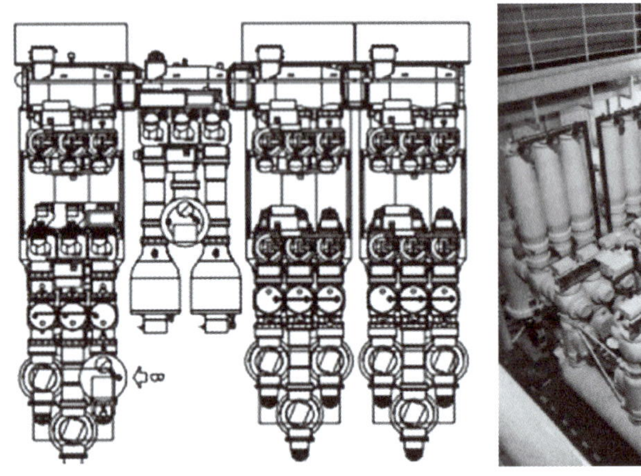

图 4－14　交流集线 GIS 示意图

在柔性直流输电系统直流侧，采用直流 GIS，将断路器、隔离开关、互感器、避雷器等部件全部封闭在金属接地的外壳中，可大幅降低设备占地面积，也有利于提高系统经济性。据评估，相比于同等电压等级的直流空气绝缘敞开式开关设备，采用直流 GIS 的设备体积可减少最大约 95%，因此整体海上平台体积减少约 10%。由此可见，直流 GIS 将是实现未来轻型化、紧凑化海上换流平台的关键设备之一。

（2）使用情况。直流 GIS 目前尚无商业化产品投入海上风电柔性直流换流平台应用。世界上第 1 个高压直流 GIS 由日本日立公司于 2000 年研制，额定直流电压 ±500kV，但实际运行电压只有 ±250kV。近年来，欧洲几个在建的海上风电柔性直流并网工程均提出拟采用直流 GIS。±320kV 的直流 GIS 已于 2018 年在荷兰阿纳姆的KEMA高压直流实验室通过长期在线测试。世界首个直流 GIS 工程（±320kV 直流 GIS）已于 2023 年在欧洲北海地区的 DolWin6 海上风电工程中实现应用。此外德国Siemens公司已研制出匹配当前海上风电柔性直流并网工程的 ±550kV 直流 GIS，产品通过了 IEC 标准要求的相关试验，将用于德国计划中的南北线路直流输电的变电站。

（3）主要元件。直流 GIS 位于海上换流平台直流侧出口极线处，一般包含的主要元件设备有：直流光电流互感器、直流阻容分压器、直流避雷器、直流隔离开关与接

地开关等，如图 4-15 所示。在其他应用场景（诸如海上风电多端系统直流场）还需配备直流启动电阻、快速开关等元件。直流光 TA 主要用于极母线差动保护等功能；直流阻容分压器主要用于直流电压欠压/过压保护等功能；直流避雷器一般包括用于保护极母线设备的避雷器 DB 和保护直流海缆的避雷器 DL；直流隔离开关与接地开关用于检修期间海上换流平台与直流电缆的物理隔离以及设备与大地之间的接地，在某些国外工程中，还要求接地开关具备紧急接地功能，用于直流海缆放电等。直流 GIS 元件示意图见图 4-15。

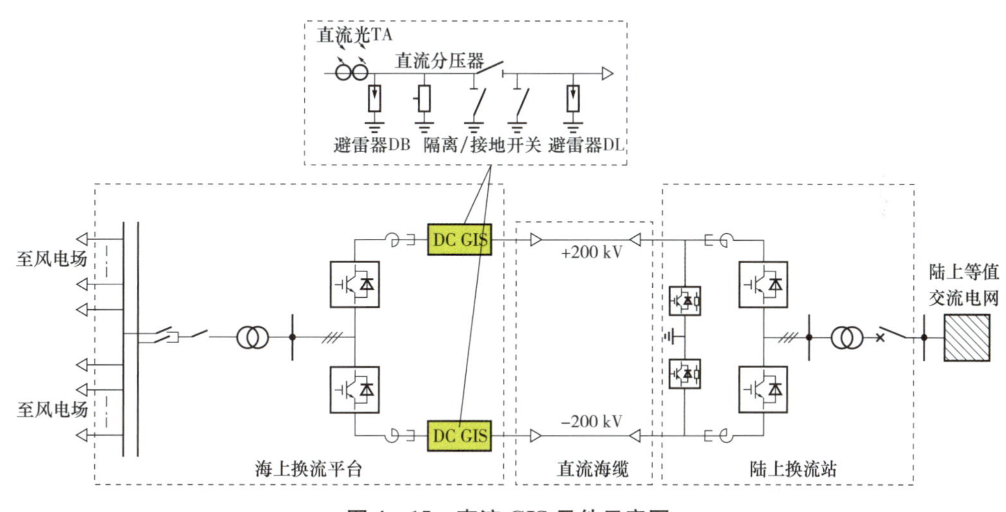

图 4-15 直流 GIS 元件示意图

4.2.5 三级水冷设备

柔直换流阀在运行过程中会产生大量的热量，导致芯片温度升高，如果没有适当的散热措施，将会使芯片的老化甚至损坏，因此海上换流站必须配置换流阀冷却系统。

海上换流站冷却系统与陆上直流工程存在较大差异，陆上直流工程变压器以及空调系统的冷却均采用风冷方式，因此陆上直流工程的阀冷却系统仅需供换流阀散热即可，而海上换流站由于采用封闭式的上部组块，不具备风冷的条件，因此其冷却系统除了需供换流阀散热外还需供柔直变及空调系统散热。此外，在陆上直流工程中，水冷系统外冷却水普遍采用就近的淡水资源，水资源可直采直用，但海上换流站置于海上，只能通过海水进行热量交换，因此海上换流站冷却系统配置为三级冷却方式，并增配海水淡化系统。海上换流站阀冷却系统包括内冷系统、外冷系统和淡水循环系统三部分。

4.2.5.1 内冷水系统

内冷水系统为密闭式循环水系统，主要由主循环回路、旁路循环回路、补水管路及定压管路组成，如图 4－16 所示。

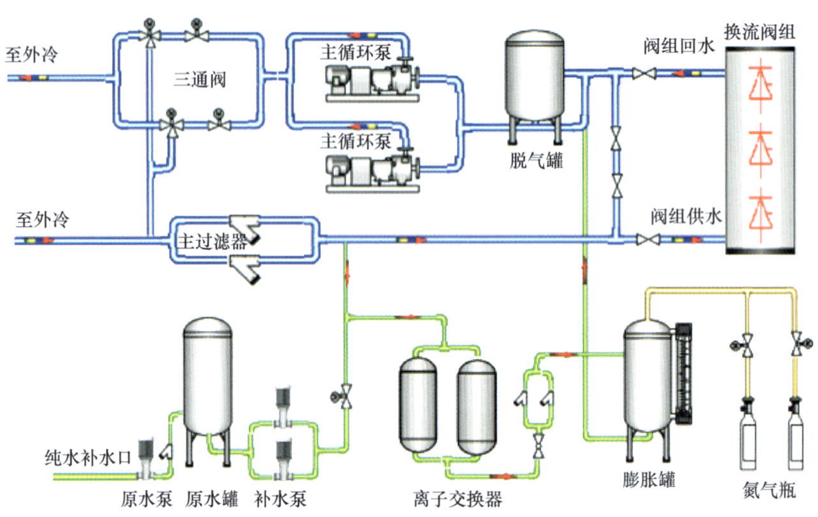

图 4－16　内冷水系统结构图

主循环回路即内冷水冷却循环回路，负责直接带走换流阀运行过程产生的热量，主要包括主循环管道、主循环泵、主过滤器、阀塔换热管及冷却塔换热盘管等。主循环泵驱动密闭式内冷循环水流动，冷却水与换流阀进行热量交换，带走换流阀热量后水温升高，然后通过冷却换热盘管与淡水循环系统进行热量交换，降低水温。如此不断地冷热循环即可实现换流阀的不断冷却，以保证换流阀安全、稳定运行所需的条件。

旁路循环回路即内冷水处理回路，在主循环泵侧并联于主循环系统，用于补充水及循环水旁流处理，主要包括旁路循环管道、离子交换器及过滤器等。由于闭式循环水直接进入换流阀阀体内部，因此要求循环水为电导率 0.2－0.5μs/cm 的除盐水（又称去离子水），因此需要进行补充水和旁流水处理，统一采用离子交换法处理工艺，补充水和旁路水均通过旁路循环回路的离子交换器进气处理再进入主循环回路。

补水管路用于初期向内冷水系统注满内冷水及运行过程中不断地补充内冷水的水量损失。主要包括补水管道、补水箱、补水泵及过滤器等。补水箱由成品纯净水补水，补水泵由补水箱抽水经过旁路循环回路去离子处理后向主循环回路补水。

定压管路用于稳定内冷水的内压，主要有四项功能：缓冲内冷水由于温度变化引起的体积变化；缓冲内冷水运行中少量的水量损失及水量监测；稳定主循环泵吸水口

的压力，防止产生气穴和气蚀现象；及时释放内冷水产生的气泡。

（1）主循环泵。主循环水泵一般按100%冗余配置，设过载和过热保护（电机设温度变送器输出信号）。水泵进出口设波纹补偿器减振。

如果运行泵故障或不能提供额定压力，马上切换至备用泵，并发出报警信号。同时运行泵连续运行一段时间（168h）后将自动切换，切换时系统流量和压力将保持稳定。主循环泵设备图见图4－17。

图4－17 主循环泵设备图

（2）电加热器。电加热器置于主循环冷却水回路脱气罐内，用于冬天温度极低及换流阀停运时的冷却水温度调节，避免冷却水温度过低。电加热器运行时阀冷系统不能停运，必须保持管路内冷却水的流动，以防电加热器干烧导致加热罐水温过高。

（3）脱气罐。脱气罐置于主循环泵进口处，罐顶设自动排气阀，可彻底排出冷却水中气体。脱气罐也作为加热罐使用，阀内冷系统电加热器安装于脱气罐内。脱气罐设备图见图4－18。

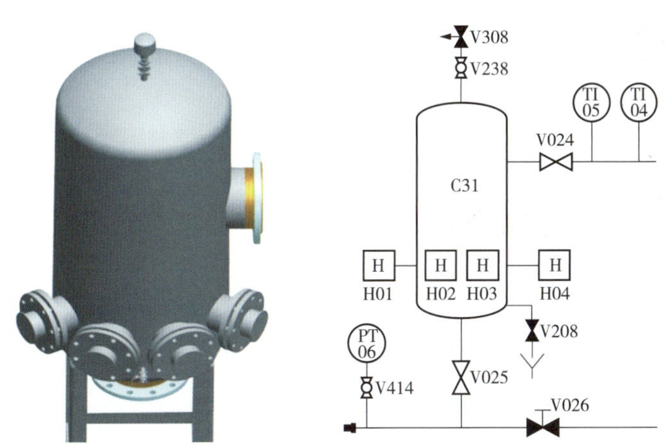

图4－18 脱气罐设备图

（4）主过滤器。主过滤器置于换流阀进水处，过滤器一般设置两套，过滤器前后设置检修阀门、压差表，顶部手动排气阀。正常运行时，可对单台过滤器滤芯进行在线清洗。主过滤器设备图见图4－19。

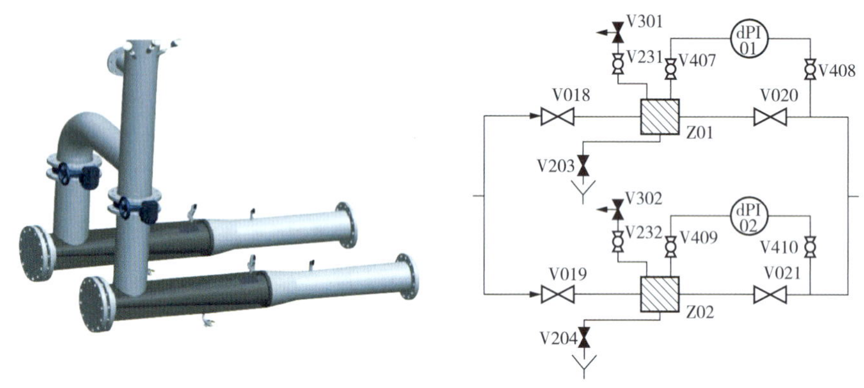

图4－19　主过滤器设备图

（5）离子交换器。离子交换器由不锈钢离子罐、过滤器、离子交换树脂等组成。离子交换器一般配置2台，1台主用1台备用，当其中一台离子交换器树脂失效时，可发出报警信号，提示更换离子交换树脂。更换时手动切换至另一台运行，更换过程不影响阀冷系统运行。离子交换器设备图见图4－20。

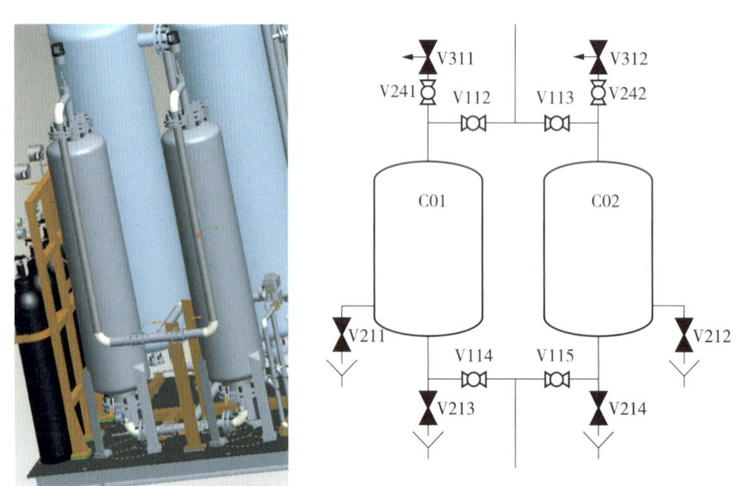

图4－20　离子交换器设备图

（6）氮气稳压系统。膨胀罐的顶部充有稳定压力的高纯氮气，当冷却介质因少量外渗或电解而损失时，氮气自动扩张，把冷却介质压入循环管路系统，以保持管路的压力恒定和冷却介质的充满。氮气稳压系统设备图见图4－21。

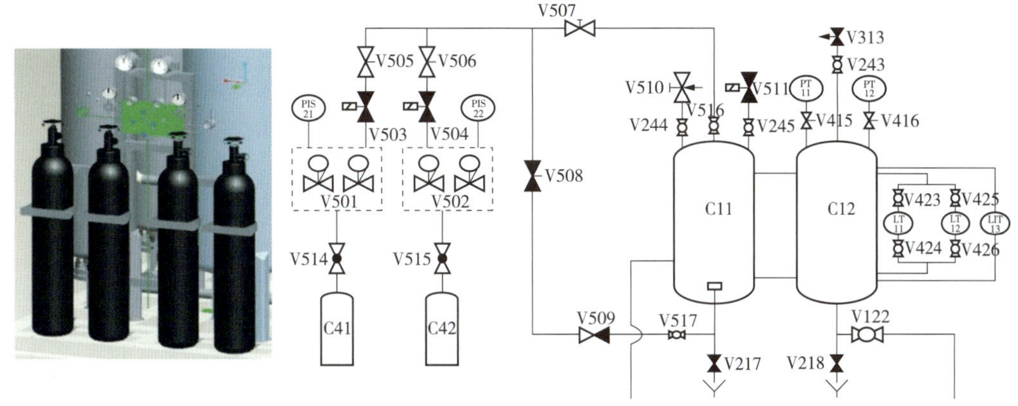

图 4－21　氮气稳压系统设备图

（7）膨胀罐。膨胀罐一般设置 3 套独立的电容式液位传感器和 1 套磁翻板式液位传感器，装在膨胀罐外侧，可显示膨胀罐中的液位。当膨胀罐液位到达低点时，发出报警信号，并在报警前自动启动补水泵进行补水。膨胀罐设备图见图 4－22。

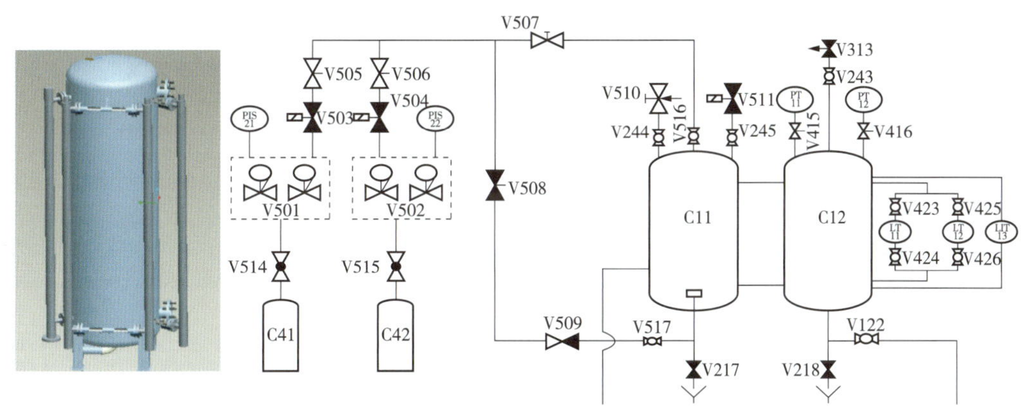

图 4－22　膨胀罐设备图

（8）补水泵。一般设置 2 台补水泵，1 台主用 1 台备用，当膨胀罐液位降低到补水液位时，补水泵自动启动，补至停泵液位时自动停止。补水泵同时设就地手动启动功能。补水泵出口设置压力表及电动阀门。补水泵设备图见图 4－23。

4.2.5.2　淡水循环系统

淡水循环系统采用闭式循环水系统，通过与内冷水系统进行热量交换不断地吸收内冷水系统带出的换流阀发热量，同时淡水循环系统还通过与外冷水进行交换不断地将换流阀发热量迁移至外冷水系统，淡水循环系统主要由循环管路、补水管路及定压管路等组成，如图 4－24 所示。

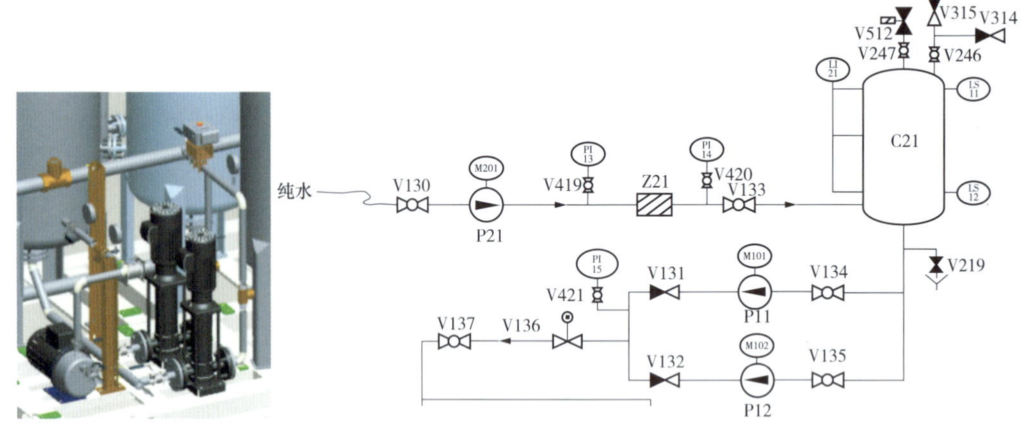

图 4－23　补水泵设备图

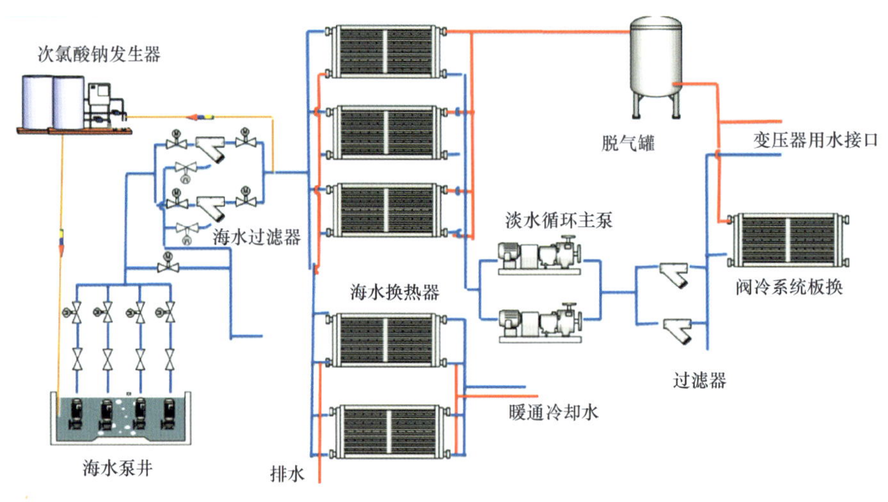

图 4－24　淡水循环系统结构图

循环管路分别与内冷水系统、联接变油循环系统和海水直流系统进行热交换，主要包括循环管道、循环泵及热交换装置，与内冷水、海水的热量交换装置采用板式水换热器，与变压器换热采用由水换热器。

补水管路用于初期向循环管路注满淡水及运行过程中不断地补充淡水的水量损失。主要包括补水管道、补水箱、补水泵及过滤器等。补水箱由成品纯净水补水，补水泵由补水箱抽水向循环管路补水。

定压管路用于稳定循环管路的内压，主要有缓冲内冷水由于温度变化引起的体积变化：缓冲内冷水运行中少量的水量损失及水量监测；稳定主循环泵吸水口的压力，防止产生气穴和气蚀现象；及时释放内冷水产生的气泡。定压系统主要由定压管道及膨胀罐组成。

4.2.5.3 外冷水系统

外冷水系统采用海水直流系统，将换流阀热量最终排至大海，主要包括海水泵、海水管道及海水处理设备。海水直流冷却系统如要满足换流阀散热要求，需确保海上换流站附近海域海水冬季温升不超过2℃，夏季温升不超过1℃。海水直流系统温排水采用分散排水，系统内部海水温升可控制在9℃以内。

海水泵采用长轴深井泵，抽取平台下方海水，通过水换热器吸收淡水循环迁移来的换流阀热量后再排放至大海。由于海水中泥沙、藻类及浮游微生物众多，为防止海洋生物对管路造成腐蚀、堵塞等破坏，还需对管路海水进行处理，处理工艺包括海洋生物和过滤处理。防海洋生物处理采用次氯酸钠发生器电解海水制取次氯酸钠在海水泵吸水口进行持续喷射，带入到循环海水中，抑制海水中微生物的生长和繁殖，它可以起到保护海水泵，提升管道，电缆和药剂注入管线的作用。

（1）海水提升泵。海水深井潜水泵采用潜水电机，电机为充水式电机。电机内部充满清水并添加防冻液及防锈剂。电机内部填充液为电机内部各部件提供冷却和润滑。内部液体压力保持高于外界海水压力，避免外界海水通过机械密封进入电机内部。水泵吸入口设置过滤装置，避免大颗粒物质进入系统。

电机内部设置 PT100 温度传感器，检测电机运行情况。水泵吸入口设置过滤装置，避免大颗粒物质进入系统。

海水泵出口止回阀上设置有泄水孔，水泵停止运行后扬水管内海水能从泄水孔中流走，并且泄水孔大小考虑了可能被泥沙堵塞的情况，不会有海水积存在扬水管中，防止冬季海水结冰对管道造成损害。

海水泵出口设置排气阀及真空破坏器，能在海水泵停机时避免扬水管内产生真空，同时在水泵启动时排出扬水管内空。

（2）海水过滤器。海水过滤器由罐体、过滤元件、反冲洗机构、电控箱、减速机、电动阀门和差压控制器等部分组成。当浊液由进口进入滤器后，经过滤元件内腔穿过过滤元件缝隙，进入清水腔，固体颗粒物被截留在过滤元件内壁。

随着不断过滤，过滤元件内壁杂质层逐渐增厚，阻力增大，滤前滤后压力差也逐渐增大。当压差达到预设值时，差压控制器发出信号，电动排污阀开启，主传动电机启动，带动排污管轴旋转，此时排污管内与外界大气相通。排污吸嘴与过滤元件之间出现一低压区，清水腔水沿排污吸嘴与过滤元件内壁的周边间隙高速进入吸嘴内，同时将过滤元件内壁的杂质层冲垮，带入排污管排出。海水过滤器设备图见图 4－25。

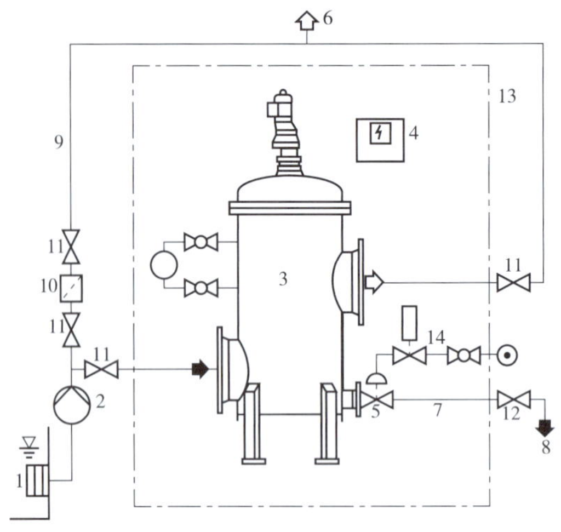

图 4 – 25　海水过滤器设备图

1 – 格栅过滤器/吸气过滤器；2 – 泵（或地下给水）；3 – 过滤器；4 – 控制器；5 – 反冲排放阀；6 – 至用户；7 – 反冲排放管线；8 – 反冲排放；9 – 旁通管线；10 – 旁通过滤器（任选）；11 – 截止阀；12 – 控制阀；13 – 交货设备范围（标准的）；14 – 反冲排放阀控制（与阀相关）

（3）海水换热器。海水换热器一般采用板式换热器，材质为钛，采用可拆式（组装式）结构。

淡水循环系统一般包含三套海水换热器，两用一备，暖通系统包含两台海水换热器，一用一备，海水换热器运行数量与海水提升泵一一对应，当运行的海水泵数量减少时，相应减少换热器运行台数，以保证流经单台换热器的海水流速不会变低，避免导致泥沙在换热器内沉积，污染堵塞换热器，同时换热器与海水泵对应的模式能降低系统控制复杂度，提高系统可靠性。海水换热器设备图见图 4 – 26。

图 4 – 26　海水换热器设备图

（4）次氯酸钠设备。为防海洋生物对海上换流站冷却系统造成影响，需要设置防海洋生物装置，一般有电解铜铝、电解海水制取次氯酸钠和紫外光照等方式。电解铜铝方式会有铜离子产生，能够有效抑制海生物在海水管的生长，然而铜离子是重金属，因此系统产生排放铜离子会对环境有一定污染。次氯酸钠作为一种高效、广谱、安全的强力灭菌、杀病菌剂，见光分解为氧气和氯化钠，对环境友好，广泛运用于海洋工程，目前国内外海上换流站普遍采用该种方式作为防海洋生物处理。紫外光照射方式易受浊度影响，因此并不适用于海上换流站中。

次氯酸钠发生装置主要部件有海水增压泵组，过滤器，电解槽组，变压整流系统，排氢储罐，风机，供电分配，投加泵组，酸洗装置，本地控制，低压开关柜及撬块内的相关仪器仪表和管路。其中电解槽组、变压整流系统和风机等关键设备按100%冗余配置，一用一备，正常情况下单套设备运行，故障时可自动切换，同时运行完一个周期后也会自动切换到备用设备，次氯酸钠设备图见图4－27。

图4－27　次氯酸钠设备图

次氯酸钠投加口与海水泵保持距离，避免高浓度次氯酸钠直接与电机接触影响电机寿命。同时投加口能确保次氯酸钠杀生范围有效囊括海水泵底端、过滤格栅等部分，保障海水冷却系统所有部分都不被生物污染，投加点如图4－28所示。

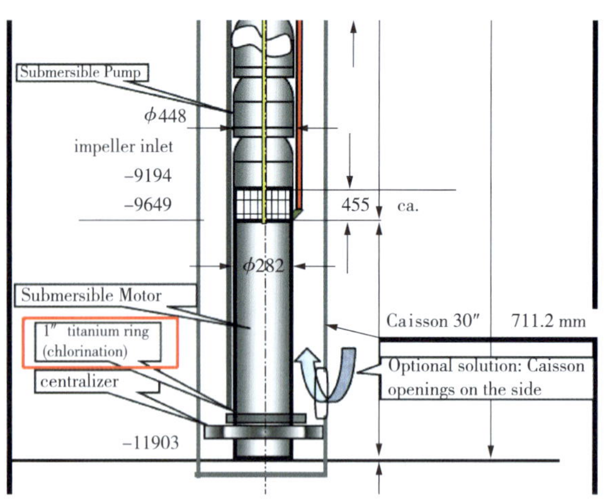

图 4-28　次氯酸钠投加示意图

4.3　海上换流站设备布置

4.3.1　布置原则

4.3.1.1　布置优先级

海上换流站平台采用多层舱室结构，布置原则以紧凑化、轻型化为主，应满足接入系统要求、平台重心偏移范围要求、进出线海缆路由规划要求，还应考虑检修吊装方案，尽可能做到工艺流程顺畅、技术先进、运行维护方便、节约占地以及经济优化等。按优先级排序如下：

（1）平台整体重心偏移几何中心距离不超过 2m；

（2）布置合理，功能分区明确，不宜功能混杂或凌乱，充分考虑施工、设备安装、运行维护的便捷性；

（3）便于交直流海缆进出线引接、固定；

（4）布置紧凑、合理，优化平台总尺寸；

（5）电气回路连接顺畅，减少电缆通道、分支母线通道交叉，避免出现工艺迂回。

4.3.1.2　功能区域划分（见图 4-29）

海上换流站根据功能不同，主要划分为 5 个区域：交流配电装置室、柔直变及阀侧设备室、阀厅、桥臂电抗器室及直流场、其他辅助功能区域，各区域按照模块化分别设置舱室。

（1）交流配电装置室。交流配电装置室主要包含 GIS 设备、交流出线海缆及主变

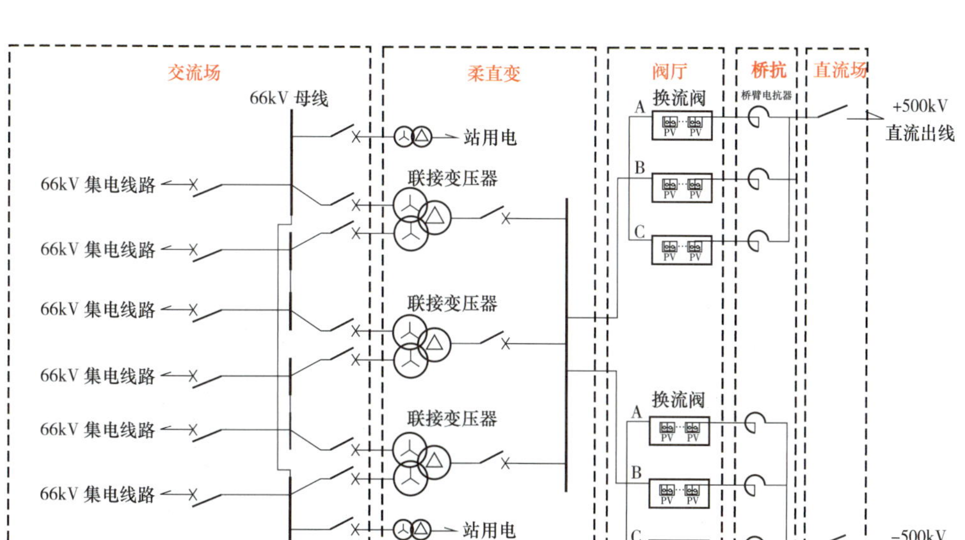

图 4-29 海上换流站电气接线及布置区域划分示意图

压器进线电缆或 GIS 分支母线。

（2）柔直变压器及阀侧设备室。柔直变压器及阀侧设备室主要包含柔直变压器、柔直变阀侧 GIS 等。当采用对称双极方案时，由于柔直变压器阀侧存在长期直流偏置电压，无法采用 GIS 设备，需采用敞开式设备。

（3）阀厅。阀厅区域主要包含柔直阀、穿墙套管、换流阀交直流侧测量装置、避雷器、接地开关等。

（4）桥臂电抗器室及直流场。桥臂电抗器室及直流场主要包含桥臂电抗器、穿墙套管、直流极线开关设备、测量装置、避雷器等，以及直流海缆出线终端。但部分工程中桥臂电抗器也可能布置于阀厅中。

（5）辅助功能区域。辅助功能区域包含站用电（站用变室、站用配电室、柴油发电机室）、通信控保（主控室、控保室）、水工消防（消防设备室、海水提升及海水处理室）、采暖通风（空调、阀冷）、其他（备品库、工具间、避难室、卫生间等）。

4.3.2 典型布置

海上换流站设计，与陆上换流站设计有明显差异。陆上换流站一般以电气一次专业为龙头，总图、线路等专业配合开展全站总平面布置。而海上换流站电气一次设计还需根据海工结构、舾装、水暖专业的要求，开展区域布置设计和总体布置设计。对于平台总体设计，还应满足平台上部组块的施工建造、浮拖运输、就位安装等要求，同时确保总体布置中各工艺专业工艺流程顺畅。

目前，海上换流站多采用导管架结构形式，在平台设计时需与船舶资源密切配合。以2万t级上部组块为例，国内满足该荷载的半潜船船舷宽度基本在42～43m左右，因此，海上换流站主跨间距宜设计为45m左右，跨距过小会导致无法进船，跨距过大会增加辅助支撑结构（DSF）的工程量，影响经济性。如图4－30所示。

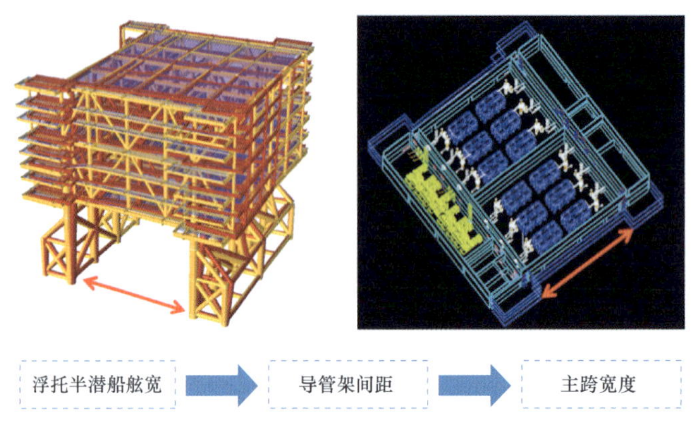

图4－30　根据船舶资料确定上部组块跨距

确定跨距后，需要优先考虑平台整体重心的偏移，重心偏移过大会导致平台无法完成运输和就位。海上换流站电气主设备重量占平台上部设备总重量的约75%，其中换流阀和柔直变压器各占电气设备的近1/3。因此，阀厅和柔直变压器室需尽量对称布置。

受限于国内换流阀尺寸，阀厅长度基本与换流站主跨间距匹配，因此阀厅必然布置在换流站中央，重心自平衡，其他电气设备及辅助系统设备可以视为基本均布荷载，无法用于平衡柔直变压器的重心偏移，故柔直变压器也需要布置在平台中线区域，因此，柔直变压器与阀厅应布置在不同层。然而，柔直变压器重量较大，需要通过浮吊船进行吊装更换，国内桥抗线圈重量一般大于20t，也需要通过平台顶部的吊机进行吊装，因此这两个设备区域都需要布置在平台上层。因此，结合重心偏移和设备吊装的要求，确定了海上换流站的总体布置格局，即阀厅布置在下层中部，柔直变压器和桥抗直流场布置在上层中部，其他配电装置室和辅助房间均布于两侧，如图4－31所示。

欧洲Tennet北海海上换流站的格局与国内差别较大，Tennet方案考虑将柔直变压器和阀厅布置在上层，桥抗直流场布置在下层，该布置方案对换流阀尺寸、柔直变压器的重量以及桥抗线圈吊装重量有较高的要求，目前国内实现难度较大。但随着换流阀、柔直变技术的发展，当设备尺寸重量大幅压缩后，也可考虑采用这种布置格局，如图4－32所示，这一方案现阶段暂无工程实践经验。

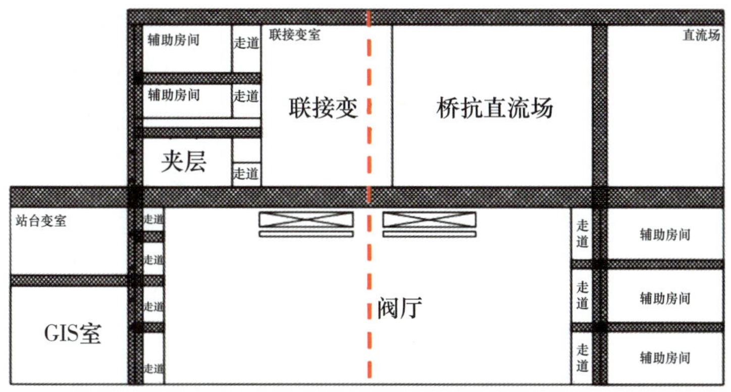

图4－31　海上换流站整体格局

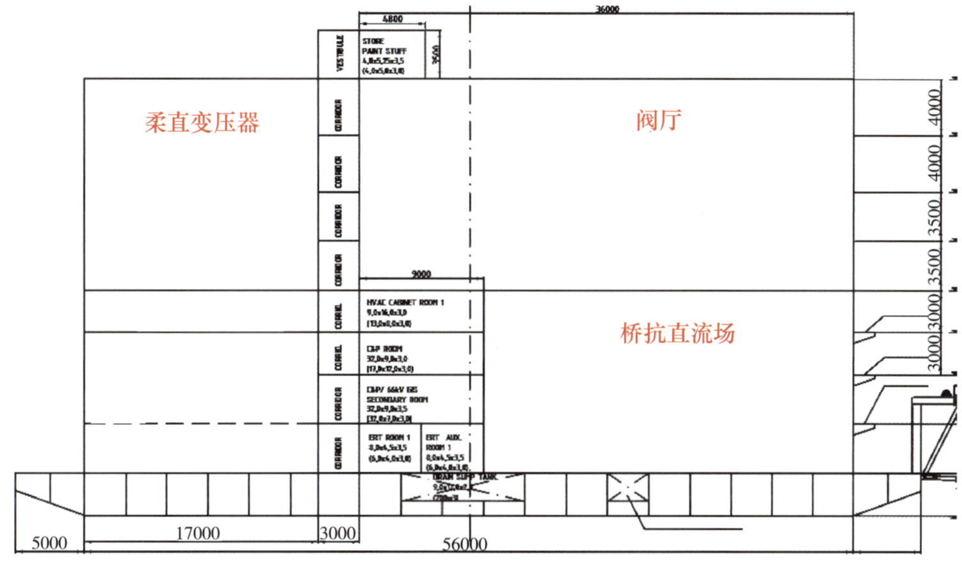

图4－32　Tennet 海上换流站设计方案

确定了整体格局后，其他辅助功能房间根据需要插空布置。基本原则包括：

（1）海水提升及海水处理设备宜布置在最下层。

（2）阀冷、空调设备室宜紧邻对应配电装置室布置，减少管道路径和交叉。

（3）主控室、避难室宜布置在上层，便于人员逃生。

（4）备品库、工具间按需插空配置，不应成为制约整体尺寸的因素。

4.3.2.1　对称单极平台

（1）典型布置方案一。如图4－33所示为对称单极海上换流站典型布置方案一，本方案海上换流站整体采用两层设计，局部6层钢结构平台，按照无人值守方式和无人驻守平台设计。

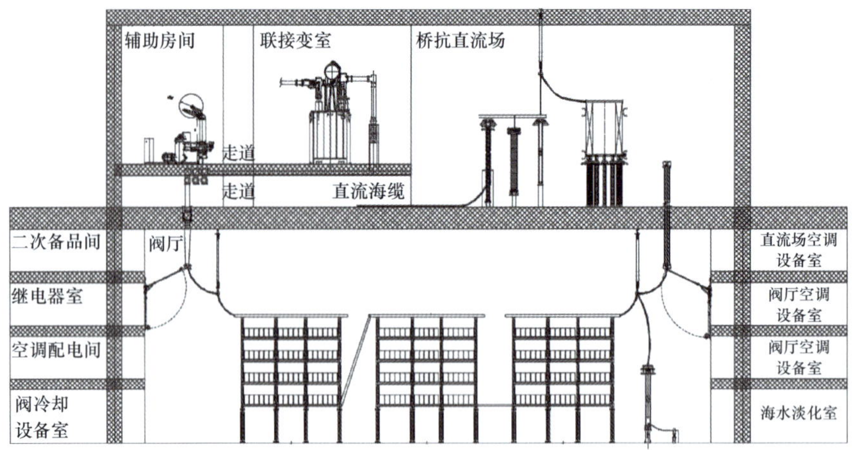

图 4-33　对称单极典型平台布置方案一

一层位于极端高潮位下最大波高时波峰以上，一层主要布置有换流阀、直流开关，以及部分辅助功能房间，阀冷却设备室和海水淡化室等。

二层至四层布置空调配电室、阀厅空调设备室、直流场空调设备室，同时包括一层部分房间的上空区域。

五层布置桥臂电抗器、电缆间等。

六层布置 GIS 室、柔直变压器、高压站用变和应急柴油发电机等。

（2）典型布置方案二。如图 4-34 所示为对称单极海上换流站典型布置方案二，

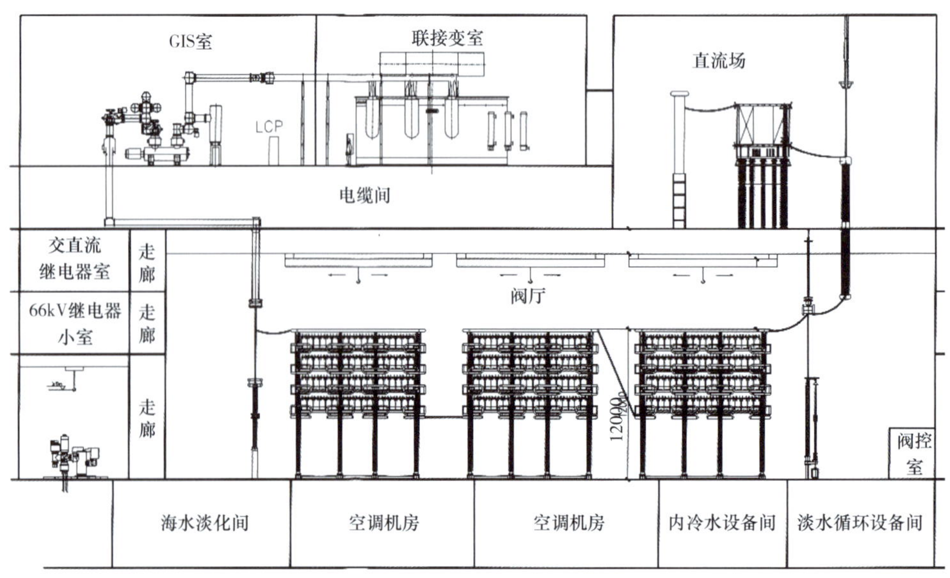

图 4-34　对称单极典型平台布置方案二

本方案海上换流站整体采用两层设计，局部6层钢结构平台，按照无人值守方式和无人驻守平台设计。

一层位于极端高潮位下最大波高时波峰以上，一层主要布置有空调机房、海水冷却装置、污水处理设备等。

二层主要布置有换流阀、直流开关、阀冷设备等。

三层主要布置有空调机房、阀冷及海水配电控制室等，同时包括二层部分房间的上空区域。

四层主要布置有交直流继电器室和通信继保室等，同时包括二层部分房间的上空区域。

五层主要布置有桥臂电抗器、空调机房、变压器集油罐和电缆间等。

六层主要布置有 GIS 室、柔直变压器、高压站用变压器和应急柴油发电机等。

4.3.2.2 对称双极平台

如图4－35所示为对称双极海上换流站典型布置方案，本方案海上换流站整体采用两层设计，局部6层钢结构平台，按照无人值守方式和无人驻守平台设计。

一层位于极端高潮位下最大波高时波峰以上，一层主要布置有 GIS 设备、有换流阀、直流开关以及部分辅助功能房间。

二层至四层布置空调配电室、阀厅空调设备室、直流场空调设备室，同时包括一层部分房间的上空区域。

五层布置桥臂电抗器、电缆间等。

六层布置柔直变压器及其阀侧设备、高压站用变压器和应急柴油发电机等。

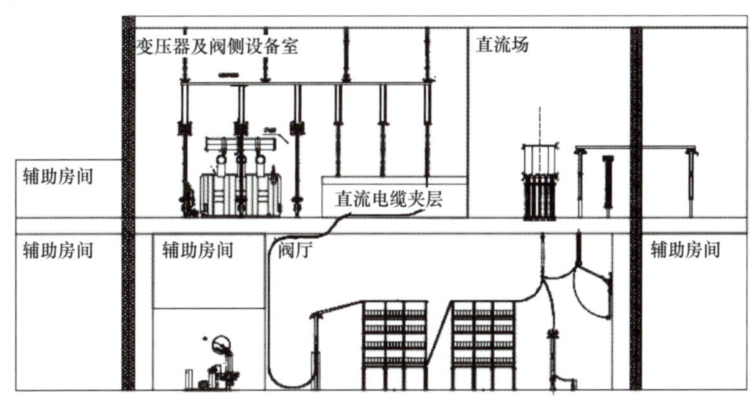

图4－35　对称双极典型平台布置方案

第5章

海上柔直控制与保护

海上柔直工程作为连接海上风电场与陆上电网的枢纽，是一项极其庞大的系统工程，而控制与保护系统作为整个直流输电工程的中枢，控制着交/直流功率转换和直流功率输送的全部过程，保护着换流站所有电气设备免受损坏，是工程的关键技术之一。实际工程中，为确保任一控制系统的单一故障不造成直流输电系统停运，任一保护系统的单一故障不造成保护误动或拒动，直流输电系统控制保护设备均采用多重化冗余配置。本章将对海上风电柔直送出系统的控制与保护系统进行介绍。

5.1 控制与保护系统架构

目前已投运的海上柔直工程均采用对称单极接线方式，按照设备划分，海上柔直控制系统架构自上而下分为系统层、站控层（DCC、ACC）、极控层（PCP）与阀控层，其中系统层、站控层、极控层设备属直流控制保护系统供货范围，主要实现海风柔直送出系统与远方调度中心和监控中心的数据交互以及系统启停、功率控制、直流电压控制、交流故障穿越、顺控与联锁等功能；阀控层属换流阀配套供货范围，主要实现换流阀触发、调制、均压、环流抑制、快速保护等功能，见图5－1。

随着海上风电朝着大规模、远距离的方向发展，未来海上风电送出系统对可靠性的要求更高，国内外已经开始研究海上风电对称双极柔性直流送出系统，对于对称双极柔直送出系统，极控层与阀控层按极配置，具体结构示于图5－2。

控制系统的任一层级均采用两套完全冗余的配置，由I/O单元、极控系统主机、站间通信切换装置，以及现场控制LAN、站LAN等组成，任一控制系统的单重故障不会引起直流系统停运。

与控制系统的分层分级配置不同，海上风电柔直送出工程的直流保护功能主要集成在极保护（PPR）装置中，每一个设备或保护区的保护采用三重化模式，按照三取二方式出口，任一保护系统的单一故障不造成保护误动或拒动。对于对称单极系统，极保护保护范围覆盖直流线路、直流开关场、阀厅、换流变压器阀侧交流引线、启动回路；对于对称双极系统，极保护按极配置，保护范围需额外覆盖中性母线、金属回

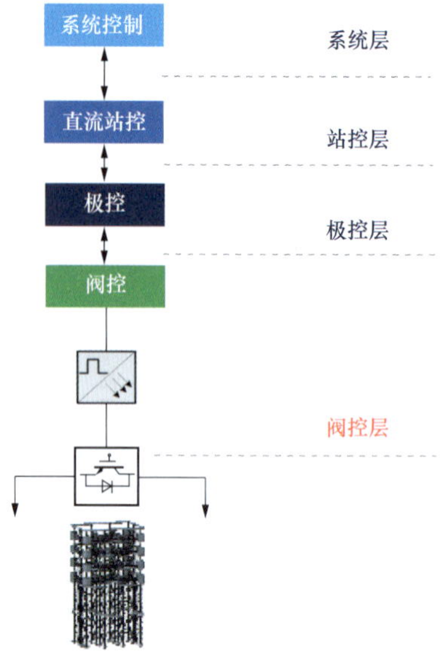

图5－1　对称单极海上风电柔直送出工程控制系统分层

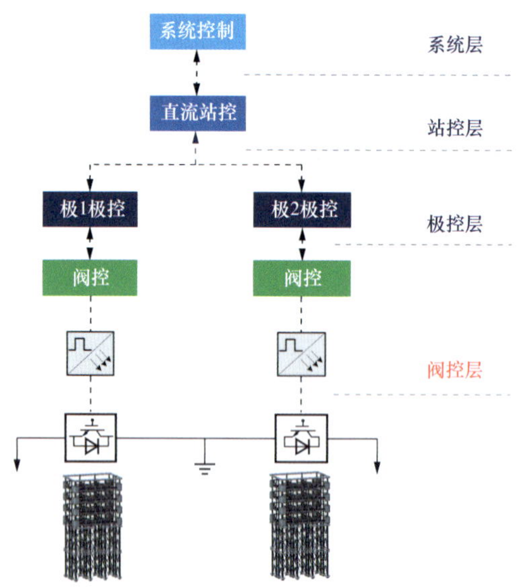

图5－2　对称双极柔直送出工程控制系统分层

线。具体的保护分区及保护功能配置情况将在下文详述。

受限于海上风电柔直送出特殊的应用场景，海上换流站无人值守，送端控制保护系统需由陆上集控中心统一操作。同时需在陆上换流站建立海上风电换流站一体化监控系统，系统应具备换流站、升压站、风电场的集中监控功能，各系统服务器在陆上换流站配置，并满足换流站和风电场的相关信息的接入要求。

5.2　控制系统

海上风电柔直送出系统作为一种特殊应用场景的柔直工程，其控制系统与陆上柔性直流无本质区别，均接收系统层的指令，并经不同层级设备的运算处理输出调制波信号至阀控系统，完成功率的转换与输送。

就具体的控制功能而言，海上风电柔直送出系统站控层中直流站控（DCC）与交流站控（ACC）的主要功能配置如下：

（1）直流站控主要负责系统运行方式切换、直流场开关/隔刀/地刀的控制、联锁和直流场模拟量和开关量的监视以及与直流站级控制和监视有关的功能；

（2）交流站控主要负责交流场各间隔的开关/隔刀/地刀的控制、联锁和交流场各间隔模拟量和开关量的监视等功能；

（3）直流站控或交流站控中通常负责站用电系统的控制监视功能，宜配置最后断路器、最后线路保护。

极控层中极控（PCP）的主要功能配置如下：

（1）极层相关的控制功能，如极功率/电流控制、解闭锁顺序控制、过负荷限制、附加控制、保护性监视功能、耗能装置顺序控制；

（2）换流阀相关的控制功能，如分接开关控制、换流阀顺序控制、锁相环、功率外环控制、电流内环控制等。

图5－3涵盖了海上风电柔直送出系统中海上换流站与陆上换流站主要的控制功能，其中大部分控制功能，如顺序控制、联锁、保护性监视、分接开关控制、运行方式控制，与陆上柔直区别较小，可针对性地借鉴移植，此处不再赘述。下文将围绕海上风电柔直送出系统的启停控制、功率控制、交直流故障穿越进行重点介绍，耗能装置的相关控制保护功能将在下一章节具体展开。

5.2.1　启停控制

海上风电柔直送出系统因海上换流站接入无源系统，且海上风电机组的启动并网需要海上交流系统提供同步电压，启动策略与有常规电源支撑的柔性直流输电系统存在明显区别，其启动过程可分为以下几个步骤：

1）陆上柔直换流站启动：利用陆上换流站启动电阻，通过岸上交流系统为陆上柔直换流站、海上柔直换流站及耗能装置充电，换流站充电回路如图5－4所示。由于充

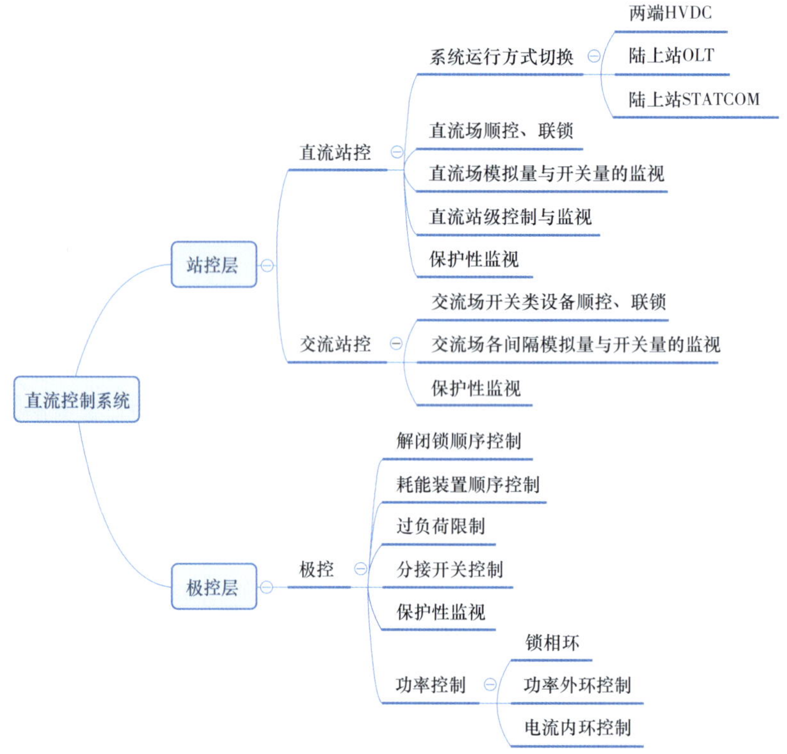

图 5－3　海上风电柔直送出系统直流控制系统主要功能配置

电回路存在差异，不控充电阶段，陆上换流站子模块电容电压约为海上换流站子模块电容电压的 2 倍。子模块电容电压越低，电容电压发散的趋势越明显，为防止海上换流站电容电压发散，系统应尽早进入可控充电阶段，将子模块电容电压充至额定值，启动陆上换流站，建立直流侧电压。

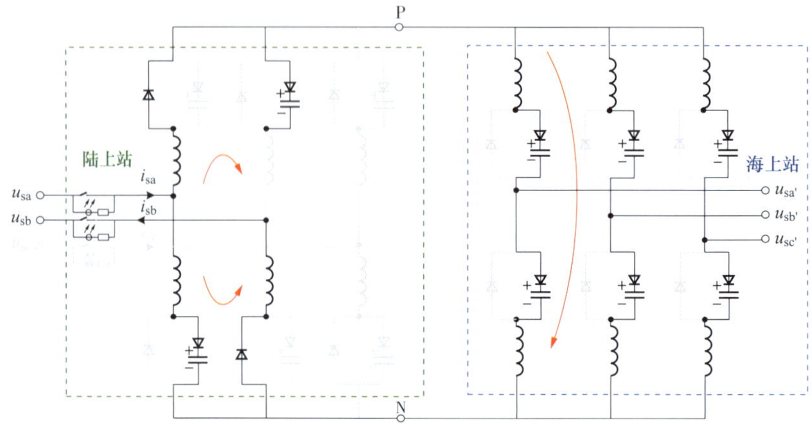

图 5－4　陆上换流站与海上换流站充电回路示意图

2）海上柔直换流站启动：在直流侧电压维持稳定后，海上柔直换流站工作在无源运行模式，建立海上交流系统的电压，为防止空载线路电容与海上柔直站阻抗匹配后产生高频谐振，风电机组启动前，海上柔直站建议采用开环控制构建交流侧同步电压。

3）直驱风电机组并网运行：启动部分直驱风电机组，建立风电机组直流侧电压，风机网侧换流器利用锁相环（phase locked loop，PLL）跟踪并网点电压，定子侧开关在检测到机侧换流器空载电压与电机定子侧电压相位幅值满足要求后合闸，实现并网发电。

系统停运时，将海上柔直站外部交流系统功率降至接近零，先闭锁海上柔直站，再闭锁陆上柔直换流站。系统闭锁后，断开交流进线断路器，执行极（单元）隔离。停运过程中各测点的电压、电流应力应满足设备技术规范要求。

5.2.2　功率控制

功率控制是海上风电柔直送出系统的核心控制功能，用于维持系统稳定运行，实现交流侧功率的转换以及直流能量的传输。功率控制的本质是对柔性直流换流器的控制，作为电压源型换流器，柔直换流器主要采用基于直接电流控制的矢量控制方法，矢量控制方法具有快速的电流响应特性和良好的内在限流能力，克服了早期直接控制（间接电流控制）桥臂电流易过流的问题。

矢量控制由外环控制策略和内环控制策略组成。其中外环控制策略框图示如图5－5所示，外环控制又分为有功类控制（如定直流电压控制、定有功功率控制、定直流电流控制与定频率控制等）和无功类控制（如定交流电压控制、定无功功率控制等），有功类控制和无功类控制相互独立，分别输出d轴、q轴参考电流指令i_{dref}与i_{qref}，根据瞬时功率理论，i_{dref}与i_{qref}作为参考值输入内环控制后将直接影响换流器的有功功率与无功功率输出。

为避免控制系统紊乱，任一工况下柔直换流器外环控制必须有唯一的有功类控制与唯一的无功类控制，同时为了保持系统功率平衡和直流电压稳定，柔性直流系统中必须有且只有一个换流站的有功类控制采用定直流电压控制。

内环控制环节接受来自外环控制的有功、无功电流的参考值idref和iqref，并快速跟踪参考电流，根据矢量控制原理，通过一系列的处理产生换流器的三相参考电压，调制为六路桥臂电压参考值发送至阀控，实现换流器交流侧电流波形和相位的直接控制。内环控制主要包括内环电流控制、PLL锁相环控制、负序电压控制，示意图如图5－6所示。

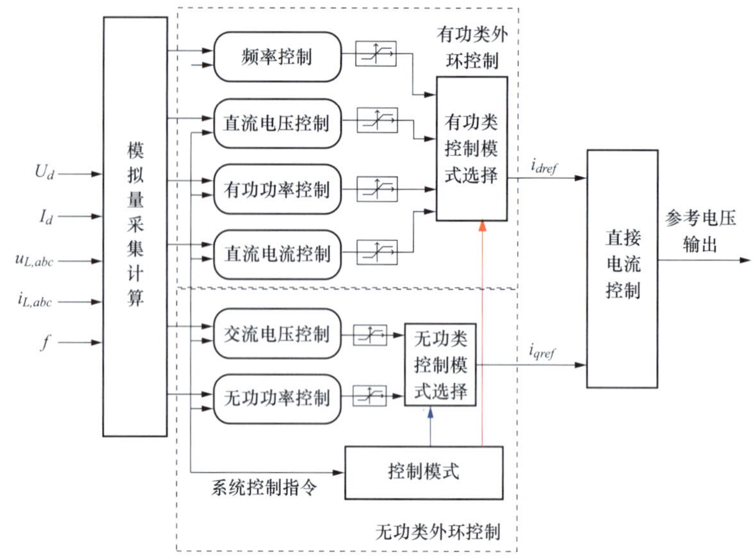

图 5 - 5　柔性直流换流器外环控制示意图

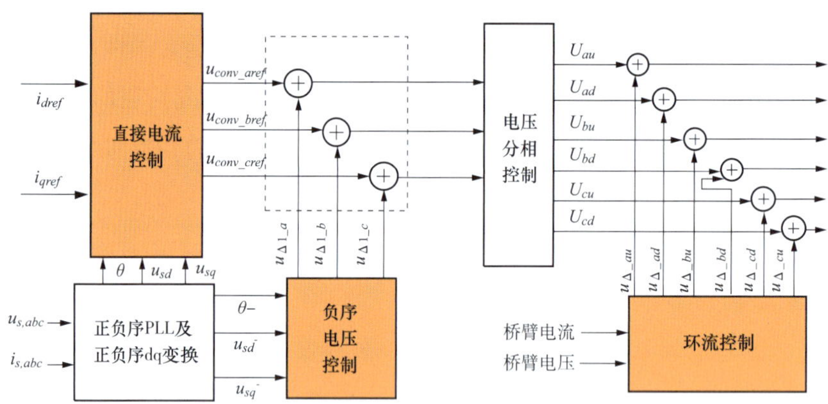

图 5 - 6　柔性直流换流器内环控制示意图

5.2.2.1　海上换流站控制模式

如上文所述，柔直换流器外环控制器可以通过选取不同的有功类控制量与无功类控制量构成多类控制模式，各类控制模式从同步策略上可划分为跟网型控制与构网型控制两类。其中跟网型控制需要通过锁相环测量换流器并网点电压的相位信息，通过控制注入电网的电流来控制输出功率，对交流系统而言等效为并联高阻抗的可控电流源，典型的控制模式为定有功功率控制 + 定无功功率控制（PQ 控制）；构网型控制无需采集换流器并网点电压的相位信息，直接控制换流器输出端的电压来控制输出功率，对交流系统而言表现为串联低阻抗的可控电压源，典型的控制模式为定频率控制 + 定交流电压控制（Vf 控制）。跟网型控制与构网型控制的主要区别如表 5 - 1 所示。

表 5-1　跟网型控制与构网型控制对比

	跟网型控制	构网型控制
同步策略	利用派克变换实现有功和无功功率的解耦，通过控制注入电流的幅值和相位来控制功率输出，同步过程需要依赖锁相环测量电网相位信息	采取类似于同步发电机的控功角的同步策略
适用场景	依赖锁相环同步，必须由外部的刚性交流系统或构网型变流器给定电压，无法单独工作在孤网模式	不依赖电网频率/相位测量以实现同步，在弱电网中具有更好的稳定性，可单独工作在孤网模式，但在电网强度较大时，稳定裕度有所降低

对于海上柔直换流站特殊的接入条件，因为不能锁电网相位，换流器需采用构网型控制，其中最简单应用最成熟的控制模式为 V/F 控制，通过该控制模式，为风电场提供稳定的并网交流电压幅值及频率。

5.2.2.2　陆上换流站控制模式

因海上换流站有功类外环采用定频率控制，为了保持系统功率平衡和直流电压稳定，陆上换流站有功类外环必须采用定直流电压控制，但在无功类外环上可以根据系统需求选择定无功功率控制或定交流电压控制。其中定直流电压控制、定无功功率控制、定交流电压控制的示意图如图 5-7～图 5-9 所示。

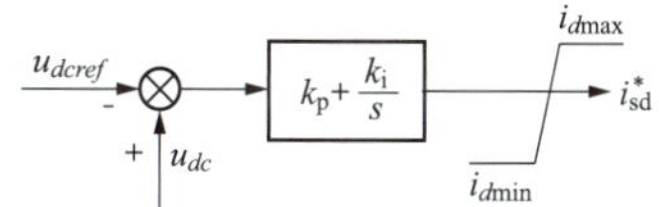

图 5-7　定直流电压控制示意图

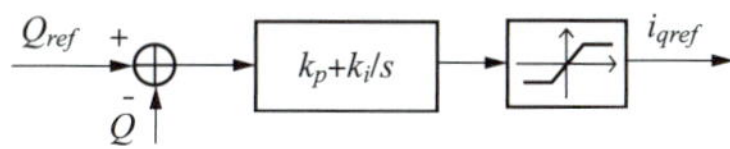

图 5-8　定无功功率控制示意图

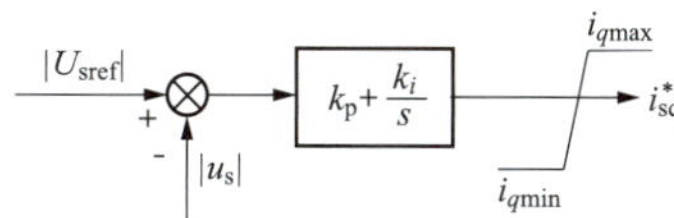

图 5-9　定交流电压控制示意图

5.2.3　系统故障穿越方式

当风电场侧电网出现故障时，需要解决的问题主要有两方面，海上换流站的故障应对问题，由于海上换流站采用定交流电压控制，当风电场侧交流电网电压发生跌落时，海上换流站易出现过流，对换流阀造成损坏。一般在海上换流站采用交流电压外环-交流电流内环的双环结构，通过电流内环的限流作用防止过流。

另一方面则是故障线路所连接的风电场的故障应对问题。当风电场电网电压发生跌落时，海上换流站能够提供一定的无功电流，维持一定的交流电压。但受海上换流站容量的限制，当电压跌落程度较深时，柔直换流站提供的无功并不足以使交流电压恢复到正常值，问题的解决依赖于风电机组的电网低电压穿越装置及控制策略。

目前风电场经柔直并网尚无相关标准，风场-柔直并网中风电场侧故障时的低电压穿越一般按照风电场交流并网的相关并网导则要求，即20%的残压下，保持625ms的不脱网运行。在这段时间内，若故障排除，则系统恢复运行，否则风电场及海上换流站将停止运行。

5.2.3.1 直流侧故障

海上风电场柔直并网系统中，直流输电线路采用海底直流电缆，故障率低，一旦发生故障即认为是永久性故障。在风电场经点对点柔直系统送出时，由于直流断路器价格昂贵且技术尚不成熟，一般不设置直流断路器。直流故障发生后，一般首先闭锁换流器，由换流器的交流侧断路器动作，断开其与电网的连接，待故障电流衰减到零后，断开直流隔离开关，对故障线路进行检修。由于交流断路器的断开时间较长，在这段时间里风功率无法送出，会积累在交流汇集线路上，导致线路出现过压。必要时，可在海上换流站交流侧加装耗能电路，以此来解决风电不平衡功率耗散的问题。

5.2.3.2 交流电网故障

当交流主网出现故障，陆上换流站PCC电压幅值降低后，陆上换流站交流功率送出能力会随之降低。若PCC点电压幅值跌落过深，导致风功率大于陆上换流站的送出能力，此时陆上换流站电流内环饱和，失去对直流电压的控制能力。若盈余功率无法得到及时处理，直流电压会迅速上升，从而会对整个直流系统的稳定运行产生严重影响。一般通过设置耗能电路消耗盈余功率，维持直流电压稳定。目前常用的有交流耗能（AC chopper）及直流耗能（DC chopper）两种。

除此之外，还可以通过对陆上站、海上站和风电机组变流器的控制进行协调控制，快速降低风电场馈入直流线路的功率，使储存在直流电容中的多余能量得以限制。当大电网出现故障后，一般要求陆上换流站提供一定的无功支撑，由于目前尚无相关标准，一般参考风电机组并网标准，根据电网残压（0.2~0.9倍额定值），调整陆上换流站输出的无功电流（0~1.05倍额定电流）。受电力电子器件过流能力的限制，陆上站能提供的无功电流相比传统同步发电机要小得多。

可见，在不同系统拓扑结构，不同故障类型下，风场 - 柔直并网系统的故障特性不同，穿越方案与耗能需求也不尽相同，需要从可行性，可靠性，技术难度及成本等多个角度，较为全面地对风场 - 柔直并网系统的耗能方案进行分析与评估。此外，由于耗能设备存在占地面积大，成本高等问题，显然，协同风电机组的能力，可以有效降低直流侧的耗能成本。

5.3　保护配置

柔性直流保护的目的是防止危害直流场设备的过电压、过应力，以及直流场接地、断线、开关失灵等故障。保护应能自适于柔性直流各种运行方式的转换，无需手工进行定值等切换。

5.3.1　直流保护分区

5.3.1.1　海上换流站直流保护分区

直流保护的范围应覆盖直流线路、直流开关场、阀厅、换流变压器阀侧交流引线。直流保护必须对保护区域的所有相关的直流设备进行保护。如图 5 - 10 所示，海上换流站直流保护主要包括换流变压器保护区、阀侧连接线保护区、换流器保护区以及直流线路保护区。

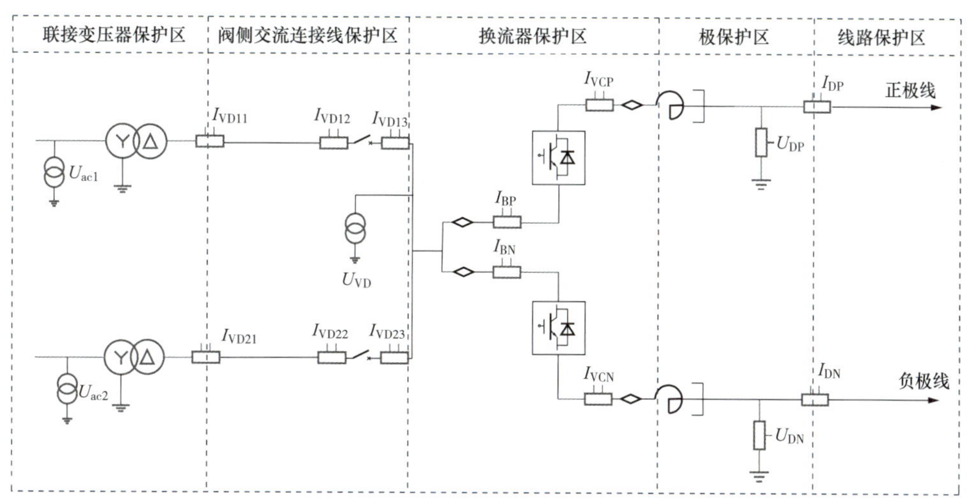

图 5 - 10　海上换流站直流保护分区示意图

5.3.1.2　陆上换流站直流保护分区

陆上换流站直流保护在分区上与海上换流站一致，同样分为换流变压器保护区、阀侧连接线保护区、换流器保护区与直流线路保护区。但由于设备配置存在差异，因此同一个保护区内保护功能不尽相同，例如陆上换流站的阀侧连接线保护区需考虑启动回路保护以及钳位装置保护需求，换流器保护区需考虑耗能装置保护需求，具体的保护功能将在下文详细介绍。陆上换流站直流保护分区示意图见图5-11。

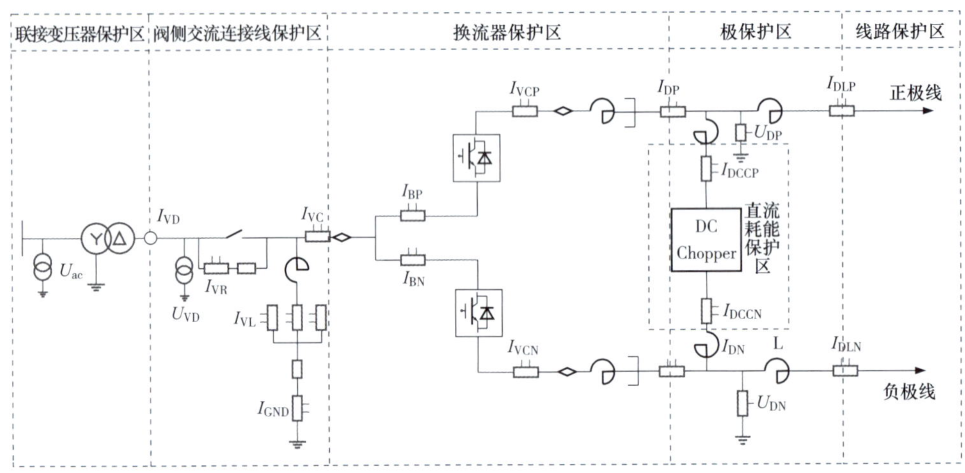

图5-11　陆上换流站直流保护分区示意图

5.3.2　保护配置及原理

5.3.2.1　阀侧连接线保护区

海上换流站及陆上换流站阀侧连接线保护区需配置如下保护，表中测点名称与陆上换流站测点配置一致，海上换流站可参考调整：

a）阀侧连接线差动保护。

保护名称	交流连接母线差动保护
保护的故障	检测换流器与柔直变压器之间的故障
保护原理	三相 $\lvert I_{VD}+I_{VC}\rvert > I_{\_set}$
保护出口	闭锁换流器，跳并锁定交流断路器

b）阀侧连接线过流保护。

保护名称	阀侧连接线过流保护
保护的故障	检测连接线和换流阀的接地、短路故障
保护原理	三相 max（I_{VD}，I_{VC}）$> I_{\_set}$ 分2个动作段：快速段用瞬时值，慢速段用有效值
保护出口	闭锁换流器，跳并锁定交流断路器

c）换流变压器阀侧零序过压保护。

保护名称	换流变压器阀侧零序过压保护
保护的故障	阀组及柔直变压器之间的接地故障
保护原理	$\mid U_{VD\_A}+U_{VD\_B}+U_{VD\_C}\mid > U_{V0\_set}$ 保护采用换流变压器阀侧末屏电压，启动电阻旁路后本保护退出起动失灵出口。 柔直阀组解锁后本保护退出
保护出口	闭锁换流器，跳并锁定交流断路器

d）启动电阻过负荷保护。

保护名称	启动电阻过负荷保护
保护的故障	启动电阻过负荷
保护原理	检测启动电阻的电流，计算总电流热效应，如果超过定值，保护动作。保护动作延时应能躲过暂态过负荷的影响，以免误动。应采用反时限原理进行设置。电流积分∫ IVR^2dt > Δ。 启动电阻旁路后本保护退出
保护出口	跳并锁定交流断路器

e）启动电阻过流保护。

保护名称	启动电阻过流保护
保护的故障	启动电阻之后的接地故障
保护原理	RMS（IVR）> I_set 启动电阻旁路后本保护退出
保护出口	跳并锁定交流断路器

f）接地电抗过流保护。

保护名称	接地电抗过流保护
保护的故障	接地电抗过流
保护原理	RMS（IVL）> I_set
保护出口	闭锁换流器，跳并锁定交流断路器

g）接地电阻过负荷保护。

保护名称	接地电阻过负荷保护
保护的故障	接地电阻过负荷
保护原理	检测启动电阻的电流，计算总电流热效应，如果超过定值，保护动作。保护动作延时应能躲过暂态过负荷的影响，以免误动。应采用反时限原理进行设置。电流积分∫ IRGND^2dt > Δ
保护出口	闭锁换流器，跳并锁定交流断路器

h）接地电阻过流保护。

保护名称	接地电阻过流保护
保护的故障	接地电阻过流
保护原理	RMS（IRGND）> I_set
保护出口	闭锁换流器，跳并锁定交流断路器

i）交流系统过压保护。

保护名称	交流过电压保护
保护的故障	交流电压过高
保护原理	该保护防止由于交流系统异常引起交流电压过高导致设备损坏。 Uac > U_set
保护出口	闭锁换流器，跳并锁定交流断路器

j）交流系统低压保护。

保护名称	交流低电压保护
保护的故障	交流电压过低
保护原理	该保护防止由于交流电压过低引起直流系统异常。 Uac < U_set
保护出口	闭锁换流器，跳并锁定交流断路器

5.3.2.2 换流器保护区

海上换流站及陆上换流站阀侧连接线保护区需配置如下保护：

a）桥臂差动保护。

保护名称	桥臂差动保护
保护的故障	换流阀接地故障
保护原理	三相 $\mid I_{VC}+I_{BP}-I_{BN}\mid >I_{\_set}$
保护出口	闭锁换流器，跳并锁定交流断路器

b）桥臂过流保护。

保护名称	桥臂过流保护
保护的故障	检测换流阀桥臂的接地、短路故障
保护原理	三相 Max（I_{BP}，I_{BN}）$>I_{\_set}$ 分切换段和2个动作段。 2个动作段：故障快速段采用瞬时值，故障慢速段采用有效值
保护出口	闭锁换流器，跳并锁定交流断路器

c）桥臂电抗器差动保护。

保护名称	桥臂电抗器差动保护
保护的故障	电抗器及相连母线接地故障
保护原理	$\mid \Sigma(I_{VCPA}+I_{VCPB}+I_{VCPC})+IDP\mid >I_{\_set}$（上桥臂） $\mid \Sigma(I_{VCNA}+I_{VCNB}+I_{VCNC})+IDN\mid >I_{\_set}$（下桥臂）
保护出口	闭锁换流器，跳并锁定交流断路器

d）高频谐波保护。

保护名称	高频谐波保护
保护的故障	避免高次谐波对直流设备及系统造成损害
保护原理	$U_{ac1\_har}>U_{THD\_set}$ 或 $I_{ac1\_har}>I_{THD\_set}$
保护出口	闭锁换流器，跳并锁定交流断路器

5.3.2.3 极保护区

极保护区可根据工程情况选择配置如下保护功能：

a）直流低电压保护。

保护名称	直流低电压保护
保护的故障	极接地故障
保护原理	$\|U_{DP}\| < U_{_set}$或$\|U_{DN}\| < U_{_set}$
保护出口	闭锁换流器，跳并锁定交流断路器

b）直流过电压保护。

保护名称	直流过电压保护
保护的故障	极接地故障
保护原理	$\|U_{DP}\| > U_{_set}$或$\|U_{DN}\| > U_{_set}$
保护出口	闭锁换流器，跳并锁定交流断路器

c）直流电压不平衡保护。

保护名称	直流电压不平衡保护
保护的故障	极接地故障
保护原理	$\|U_{DP} + U_{DN}\| > U_{\_set}$
保护出口	闭锁换流器，跳并锁定交流断路器

d）直流母线差动保护。

保护名称	直流母线差动保护
保护的故障	直流母线接地故障
保护原理	$\|I_{DP} - I_{DCCP} - I_{DLP}\| > I_{_set}$或$\|I_{DN} - I_{DCCN} - I_{DLN}\| > I_{_set}$
保护出口	闭锁换流器，跳并锁定交流断路器

5.3.2.4　直流线路保护区

直流线路保护区可根据工程情况选择配置如下保护功能：

a）电压突变量保护。

保护名称	直流线路突变量保护
保护的故障	检测直流线路上的金属性接地故障
保护原理	当直流线路发生故障时，会造成直流电压的跌落。故障位置的不同，电压跌落的速度也不同。通过对电压跌落的速度进行判断，可以检测出直流线路上的故障。 delta（U_{DP}（t））$< dU_{_set}$且$\|U_{DP}\| < U_{_set}$ 或 delta（U_{DN}（t））$< dU_{_set}$且$\|U_{DN}\| < U_{_set}$
保护出口	闭锁换流器，跳并锁定交流断路器

b）欠压过流保护。

保护名称	欠压过流保护
保护的故障	检测直流线路极间短路故障
保护原理	$\vert U_{DP}-U_{DN}\vert < U_{_set}$且 $\min(I_{DP}, I_{DN}) > I_{\_set}$
保护出口	闭锁换流器，跳并锁定交流断路器

c）线路纵差保护。

保护名称	直流线路纵差保护
保护的故障	检测直流线路上的金属性和高阻接地故障
保护原理	直流线路发生故障时，直流线路两端的电流大小不等。 $\vert I_{DLP\_陆上}-I_{DP\_海上}\vert > \max(I_{\_set}, k_{\_set}\times I_{DP})$
保护出口	闭锁换流器，跳并锁定交流断路器

第6章

耗能装置

海上风电直流送出系统，在陆上侧发生交流故障时，电网电压跌落，逆变侧传输的功率会降低，风电场发出的功率短时间内不会立刻变化，同时海上风电场存在低惯性、弱阻尼等特性。当发生故障时，直流故障发展速度极快，电压、电流变化时间为几毫秒至几十毫秒，尤其是当大规模风电机组孤岛方式接入柔直系统时，低惯性、弱阻尼系统的故障发展速度与交流系统安稳装置动作时间、风机运行特性严重不匹配，安稳策略无法满足柔性直流故障清除速度的要求。

因此当陆上换流站交流功率输出能力下降，风电场产生的有功功率由海上换流站注入直流系统，产生的大量盈余功率将会聚集在 MMC 的子模块电容中引起直流电压快速上升导致直流侧过压，为解决海上风电直流送出系统暂态工况下功率盈余问题导致的系统过压问题，需采用措施，避免直流过压闭锁、大面积风机脱网。

解决功率盈余造成的直流过电压问题主要有三类措施分别是降压升频法、交流侧耗能法和直流侧耗能法。

（1）降压升频法主要是通过降低交流电压、提升频率降低风电场输出功率的协调控制策略，此方法严重依赖通信，且需要切换风机的控制策略，响应过程较慢。

（2）交流直流耗能装置可以在送端消耗故障期间的不平衡有功功率，进而抑制直流过电压。然而，安装在送端的交流直流耗能装置一般适用于陆上风电并网工程，因为海上风电场相较陆上而言对于承重和占地有更高的需求。

（3）安装在受端换流站直流侧的直流耗能装置同时适用于陆上风电和海上风电并网工程，且基于 IGBT 的直流耗能装置已经在 BorWin1、DolWin1、DolWin2 以及国内如东工程中得到应用。

6.1 直流耗能装置介绍

直流耗能装置主要由耗能电阻、耗能阀、限流电抗器以及控制保护系统构成。直流耗能装置具体结构如图 6－1 所示。在受端系统出现交流故障，导致直流功率无法正常送出，出现功率盈余时，直流电压快速增加，这时投入直流耗能装置，通过耗能电阻快速消耗盈余功率。直流耗能装置响应速度快，控制方式简单，能够确保风机运行特性不发生改变，是解决岸上交流系统故障情况下的海上风电场故障穿越难题的最有效途径。

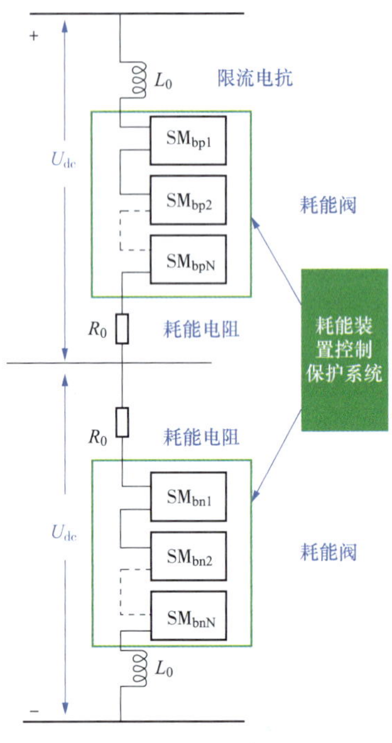

图 6－1　直流耗能装置结构图

6.2　设备结构

直流耗能装置结构目前一般有三种：集中式、半集中式以及分布式。集中式直流耗能装置采用脉宽调制（pulse width modulation，PWM）方式控制电路消耗的功率，具有结构简单，成本低廉的优势，已有海上风电直流并网工程安装了采用该拓扑结构的直流耗能装置之后能够显著提升海上风电场故障穿越能力。但是，由于阀内所有电力电子器件同时开关，电路负载特性相当于高频脉冲负载，电磁兼容（electromagnetic compatibility，EMC）特性较差，电磁污染严重。分布式将耗能电阻分布在阀模块内，通过控制投入的子模块电阻数量控制电路消耗功率，采用这种拓扑，电路负载特性相当于线性可调电阻，具备柔性负载特性，但是，分散布置的电阻须采用水冷方式，成本高昂，可靠性差，直流耗能装置对阀厅散热严重。半集中式介于两者之间，将部分电阻分布于子模块当中，部分集中布置，既可降低成本，又可提升控制的灵活性。

直流侧近端出线处设置由大功率开关器件及耗散电阻串联而成的动态直流泄能电阻，如图6－2所示。正常运行时泄能电阻并不投入；当系统电压跌落导致直流线路电压升高并超过保护阈值时，启动泄能电阻以消耗多余风机功率，从而维持直流线路电压稳定。

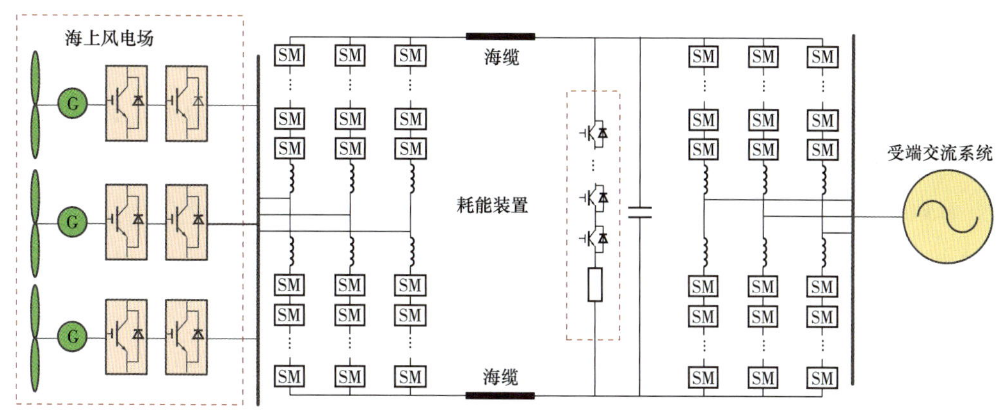

图6－2　海上风电直流送出直流耗能装置系统图

6.2.1　集中式

集中式直流耗能装置拓扑通常需要大量开关器件串联如图6－3所示，而由于IGBT器件串联时的静动态均压问题，国内外仅ABB等少数几家公司能较好解决该问题，其

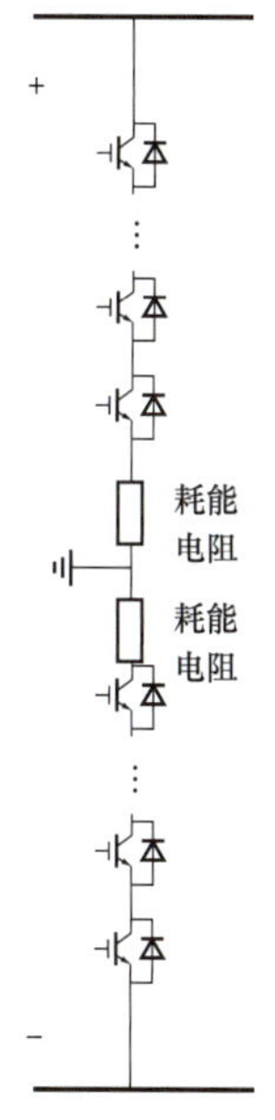

图6－3　集中式直流耗能装置

在实际工程中的应用受到很大制约，目前国内尚无大规模功率器件串联的产品投运。此外，该结构直流耗能装置的脉冲控制方式也会导致投切过程功率冲击大，引起功率波动较大，会直接影响故障穿越控制效果。

6.2.2 半集中式

采用半桥子模块拓扑，其工作原理为 S2 开通、S1 关断为启动耗能，S1 关断、S2 开通，限流电感电流对耗能阀电容器充电，C0 电容器通过 S1 对线路放电，直至耗能电容器电压与极线电压相等。启动耗能控制系统供电采用子模块电容取能，无需配置直流电容和供能变压器等设备，可靠性高子模块式设计可实现斜坡化投退，消除了器件直串方案的尖峰电压，降低了投退过程功率冲击；耗能阀和耗能电阻均采用自然风冷设计，无需配置大容量冷却设备，无漏水风险，维护方便。如图 6－4 所示为半集中式直流耗能装置结构。

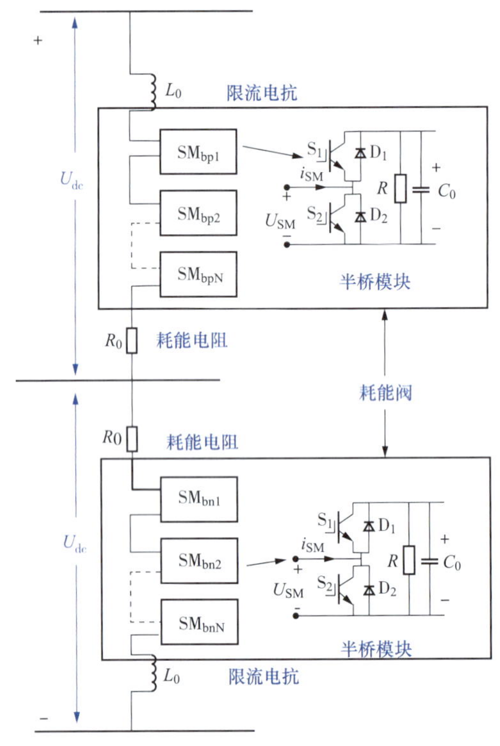

图 6－4　半集中式直流耗能装置结构

6.2.3 分布式

分布式直流耗能装置由一系列串联连接的子模块（sub－module，SM）构成，每个子模块对应一个单独的耗能电阻 R1。当子模块中的 S1 关闭、S2 导通时，该子模块电阻投入并消耗有功功率。通过控制投入的子模块数目，即可连续调节耗能电路所消耗的功率，实现相对平滑的工作特性，易于适应各种不同程度的故障，同时也可以避免开关器件的直接串联。子模块数目越多，功率调节特性越平滑。子模块中二极管 D1 主要作用为防止 SM 反接使电容承受反压而损坏，旁路开关 BPS 在子模块发生内部故障时快速闭合，将其旁路以便及时更换。

子模块中电阻选型原则保持不变，主要区别在于将原本的集中式电阻分散至 N 个模块中。考虑到直流耗能装置的再投入间隔，需要将单次泄能所产生的热量（一般为 1 ~ 2S全功率的能量）在 20min 内排出耗能阀及阀厅，需要建设一套超大功率的水冷散热系统以及耗能阀厅空调系统，暖通系统昂贵。

如图 6 - 5 所示为分布式直流耗能装置结构图。

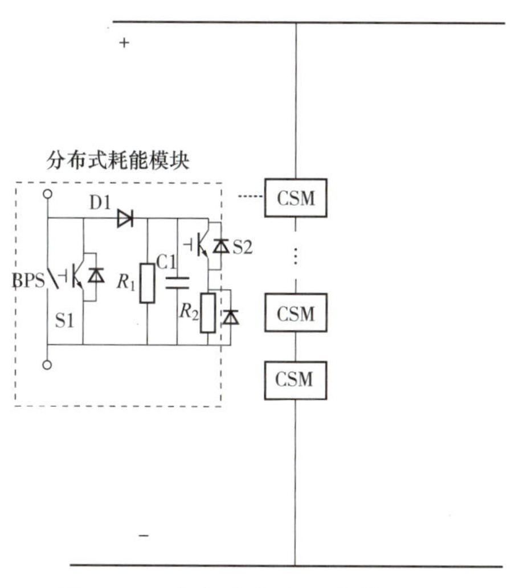

图 6 - 5　分布式直流耗能装置结构

6.2.4　结构对比

针对三种直流耗能装置特点进行对比，具体如表 6 - 1 所示，根据比对结果半集中式综合性能最优是目前海上风电工程的常规选择，在国内如东工程中已有应用。

表 6 - 1　　三种直流耗能装置特点对比

	集中式方案	分布式方案	半集中式方案
基本特点	开关部分集中、耗能电阻集中	开关部分分布、耗能电阻分布	开关部分分布、耗能电阻集中
成本	低	高	中

续表

	集中式方案	分布式方案	半集中式方案
占地	中	大	中
动作期间直流电压	存在波动	平滑	平滑
技术难度	高，数百个 IGBT 直接技术要求高	低，可借鉴直流换流阀设计经验	低，可借鉴直流换流阀设计经验

6.3 控制原理

直流耗能装置具有独立的控制保护装置，控制保护装置独立配置，其控制功能为当直流电压升高达到耗能电阻的投入阈值时，投入耗能电阻；耗能电阻吸收的盈余功率随直流电压的平方关系平滑减小；直流电压降低到耗能电阻的退出阈值时，耗能电阻退出。之后，直流耗能电阻根据直流电压的高低反复投切。

以半集中式直流耗能装置为例，当受端交流电网发生电压降故障时，会导致直流系统电压突然升高。当直流系统电压超过设定的阈值（如 1.05p.u）时，直流耗能装置启动，调整直流耗能装置的功耗以匹配交流输出功率差。一般有以下三种运行模式。

正常工作模式：所有 IGBT 被闭锁，SM 电容保持对额定电压充电，公式如下：

$$U_c = \frac{U_{dc}}{N}$$

其中 U_c 为电容电压标称值，U_{dc}为直流电压，N 为不含冗余耗能子模块数。通过电阻的电压等于零，没有明显的功率损耗。

全功率耗散模式：所有子模块中 S2 开通、S1 关断。所有的电容器被旁路，全部直流电压被施加在集总电阻，此时通过直流耗能装置的电流最大。集总电阻的阻值的选取使其在此条件下的功耗等于直流输电的最大额定有功功率，具体公式如下：

$$R = \frac{U_{dc}^2}{P_{rated}} = \frac{U_{dc}}{I_{max}}$$

其中 R 为集总电阻的电阻值，I_{max}为流过直流耗能装置的最大电流

可调模式：部分子模块 T1 开通。直流耗能装置的输出电压被控制在零到 U_{dc}之间的某个值。因此，直流电流等于（$U_{dc} - U_{out}$）/R 流过耗能支路，产生相应的功耗，公式如下：

$$P = U_{dc} \cdot \frac{(U_{dc} - U_{out})}{R} = U_{dc} \cdot \frac{(U_{dc} - N_{in}U_c)}{R}$$

其中 N_{in} 为投入子模块个数。因此，通过调节子模块投入的数量，可以调节直流耗能装置的功率。这些投入状态的子模块电容将被充电，因此需要控制电阻在每个子模块放电。

6.4 保护原理

海上换流站一般不配置耗能装置仅陆上站配置，直流耗能装置控制保护系统，包含控制、保护功能，一般独立配置，接收直流控制保护系统指令，并反馈动作状态至直流控制保护装置。保护原理见图 6－6。直流耗能装置区保护配置见表 6－2。

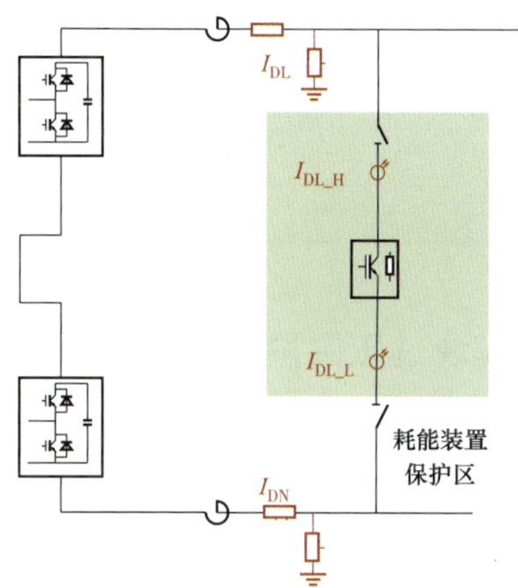

图 6－6 保护原理

表 6－2 直流耗能装置区保护配置

序号	保护名称	陆上换流站
1	差动保护	√
2	过流保护	√
3	子模块过压保护	√
4	电阻热过载保护	√

6.4.1 直流耗能装置差动保护

保护区域	直流耗能装置
保护名称	直流耗能装置差动保护
保护的故障	检测直流耗能装置回路上的金属性和高阻接地故障
保护原理	当直流耗能装置回路发生故障时，必然造成装置上下两端的电流大小不等。 $\lvert I_{dL\_H} - I_{dL\_L} \rvert > \max(I_{\_set},\ k_{\_set} \times I_{dL})$

续表

保护配合	直流系统保护
后备保护	过流保护
出口方式	闭锁

6.4.2 直流耗能装置过流保护

保护区域	直流耗能装置
保护名称	直流耗能装置过流保护
保护的故障	检测直流耗能装置回路上的金属性接地故障
保护原理	当直流耗能装置回路发生金属接地故障时，必然造成装置上下两端的电流大小不等。 $\lvert I_{dL\_H} \rvert$ 或 $\lvert I_{dL\_L} \rvert > \max(I_{\_set}, k_{\_set} \times I_{dL})$
保护配合	直流系统保护
后备保护	本身为后备保护
出口方式	闭锁

6.4.3 直流耗能装置子模块过压保护

保护区域	直流耗能装置
保护名称	直流耗能装置过压保护
保护的故障	检测直流耗能装置功率黑模块故障
保护原理	当直流耗能装置功率模块发生通信故障，无法正常投切时会出现持续充电电压持续上升的情况。 $\lvert U_c \rvert > U_{\_set}$
保护配合	直流保护
后备保护	旁路晶闸管
出口方式	触发旁路开关

6.4.4 直流耗能装置电阻热过载保护

保护区域	直流耗能装置
保护名称	直流耗能装置电阻热过载保护保护
保护的故障	检测直流耗能装置功率模块的过载能力
保护原理	当直流耗能装置发生长时间过负荷时。 $\max(I_{dL\_H}, I_{dL\_L})^2 > I_{\_set}$ $T = \tau \cdot \ln \frac{I_R^{\ 2}}{I_R^{\ 2} - (k_1 \cdot I_B)^2}$ 式中：τ 为电阻散热时间常数；I_B 为电阻持续通流能力；I_R 为流过电阻的电流

续表

保护配合	直流系统保护
后备保护	直流耗能装置过电流保护
出口方式	闭锁直流耗能装置

6.5　耗能装置与直流控保配合原则

直流耗能装置作为直流系统的保护性设备，与换流阀不同，仅在系统出现功率盈余时起作用，其动作策略受直流控制保护系统控制，为确保直流耗能装置动作的可靠性，借鉴工程控制保护与阀控系统配合经验，提出直流耗能装置与直流控制保护配合原则如下：

（1）直流耗能装置控制系统与直流控制保护系统采用交叉冗余；

（2）直流控制系统出现双主时，直流耗能装置执行后为主控制系统的指令；当直流控制系统出现双备时，直流耗能装置维持原状。

（3）当直流耗能装置控制系统处于故障状态，上报告警信息、直流控制保护系统置故障状态；

（4）直流控制保护系统与直流耗能装置控制系统在收到无效信号时，均不进行处理。

（5）直流耗能装置阀控报“耗能支路请求退出”或“耗能支路不可用”，直流控制保护系统不报故障。

半集中式与集中式直流耗能装置相比，它采用分布式电阻的模块化结构，采用最近电平调制，实现了较大的电磁干扰性能、精确的功率控制和很小的系统扰动。另一方面，由于集总电阻的存在，吸收了大量的盈余能量，SM 内部分布电阻的最大功耗要求降低了 75%。相对于分布式，没有分布式电阻水冷量需求大、子模块尺寸大、成本高等一系列问题。除此外，半集中式还降低了 IGBT 的最大开关频率和损耗。因此半集中式是目前工程应用相对较好的选择。

第7章

海缆技术

7.1 海缆类别

海底电缆为深远海海上风电送出及风电场风机与平台之间电力传输的主要通道，从不同角度考虑，海底电缆分类方式不同。从结构形式上，主要分为单芯和多芯海缆，从绝缘类型上又可以分为绕包绝缘海缆及挤包绝缘海缆。

7.1.1 结构类型

7.1.1.1 单芯海缆

大部分海缆为单芯的结构。对于电压等级较高或者容量较大的海缆工程，选用三芯或者多芯将大大增加海缆重量和尺寸，对安装技术及装备提出了更高要求，因此，对于大容量或者高电压等级的海缆可能无法生产为三芯或者多芯海缆。单芯海缆示意图见图7－1。

图7－1 单芯海缆示意图

7.1.1.2 多芯海缆

多芯海缆主要包含三芯海缆和两芯海缆。三芯缆通常用于交流工程，三芯海缆的铠装损耗远远低于单芯，这是因为三相导体电流产生的磁场在很大程度上相互抵消。因此，三芯海缆能够采用低碳钢丝铠装，而单芯海缆则需要更为复杂的铠装方案。另一方面，三芯海缆的热传递比一组间隔敷设的单芯海缆要差。因此，需要根据详细的热性能计算得出单芯或三芯方案要求的导体尺寸。三芯海缆可集中安装敷设，占用更小的海缆路由通道面积，但是对于电压等级较高的海缆，采用三芯则方案会给安装施工技术及所需装备提出更高的要求。目前三芯海缆电压等级最高为粤电阳江青洲一、二海上风电送出工程，电压等级已达500kV。总体来看对于送出距离不是很远的海上风电场，可采用交流三芯电缆送出，具体需通过损耗、传输容量等技术参数核算以及路由通道、经济性对比等进行综合分析。通常情况下，集线海缆距离较短，一般采用35kV或者66kV三芯海缆，见图7－2。

两芯海缆多用于直流工程，两根线芯的电压极性相反，不需要海水作为电极。两芯海缆的优点是两芯的电流方向相反，外部磁场几乎全部抵消。另外，部分直流工程还将回流导体与单芯电缆一起捆绑为两芯，见图7－3。

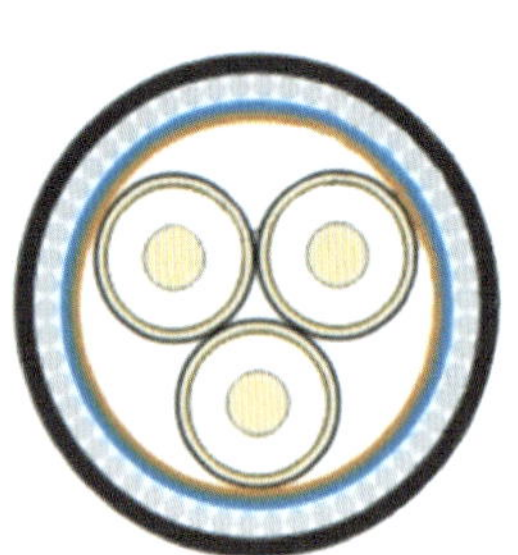

图7－2 多芯海缆示意图

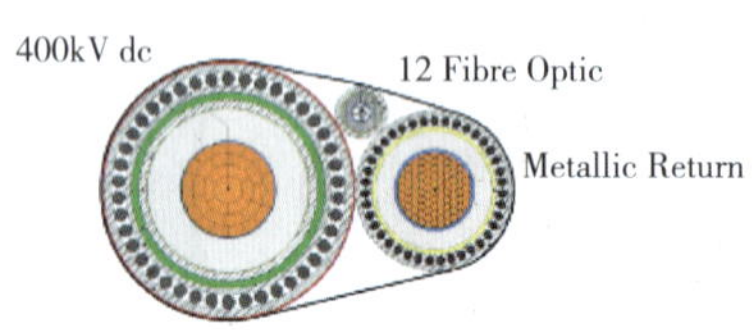

图7－3 直流海缆两芯示意图

7.1.2 绝缘类型

7.1.2.1 绕包绝缘海缆

油纸绕包绝缘海缆可分为充油海缆、粘性浸渍纸绝缘（Mass－impregnated）海缆（通常简称MI电缆），油纸绝缘电缆成功应用了超过50年时间，性能稳定，目前仍在欧洲长距离跨国输电工程中有着广泛的应用。

（1）充油海缆。油纸绝缘海缆由绝缘纸带一层层绕包而成，其中充油海缆内部为中空的油道，通常充满合成电缆油—直链烷基苯。在运行期间，电缆内部的油处于加压状态。对于交流电压，油纸绝缘的绝缘强度与压力相关。海缆油中的气体可溶性随压力下降而降低，如果压力降得过低，溶解在油中的气体将释放出来，形成气泡，交流电场将在气泡内产生局部放电，会降低绝缘性能，导致电气击穿。因此，充油海缆必须由岸上的压力供油装置保持电缆内必需的压力，自动并及时补偿由于负荷或者环境温度变化造成的压力降，环境温度升高或负荷增加时，油压升高后又将多余的油自动回流到供油装置的油箱中，从而保持压力稳定，故又称为自容式充油海缆，见图7－4。

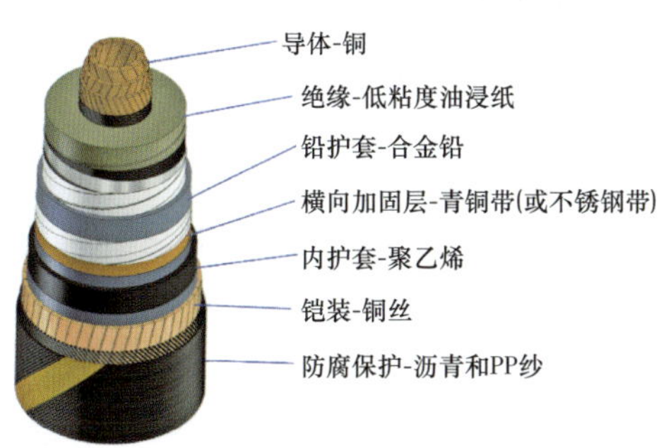

图7－4　充油海缆示意图

（2）MI海缆。MI海缆主要用于直流海缆，这是因为当油纸绝缘海缆处于冷态时，绝缘绕包间隙内有小气隙，在电场作用下，气隙内可能产生局部放电。在交流电压条件下，每半个周期可能引发气隙放电，同一位置的多次重复局部放电能使绝缘纸裂解，最终导致击穿。但是直流海缆因为电荷传递机理不同，没有介质损耗，很少产生局部放电。MI海缆由于没有油道，浸渍剂不流动，区别于充油海缆，它与挤包绝缘海缆一起又被称为干式海缆。

MI海缆需要选择高密度纸达以到最佳的绝缘强度，浸渍高粘度浸渍剂，纸的透气性较高，使得穿透绝缘纸时的油阻较低，粘性浸渍纸绝缘能够允许细微杂质或缺陷，只要此类分散的缺陷和杂质微粒小于绝缘纸的厚度，不发射离子，就不会对绝缘构成危害。另外，MI海缆浸渍剂粘度较高，不流动，不需要岸端的供油系统，适合更长距离的输电；同时当MI海缆受损后，也不会漏油，敷设于环境敏感的区域比较有优势。目前已经投运的最高电压等级的MI海缆为英国Western Link工程中的±600kV直流海缆，全长424km，最大输送容量2.4GW；已投运的挪威－英国联网North Sea Link工程

±500kV 直流海缆、英国－德国 NeuConnect 工程 ±500kV 直流海缆，全长均超过720km，最大输送容量 1.4GW。MI 海缆示意图见图 7－5。

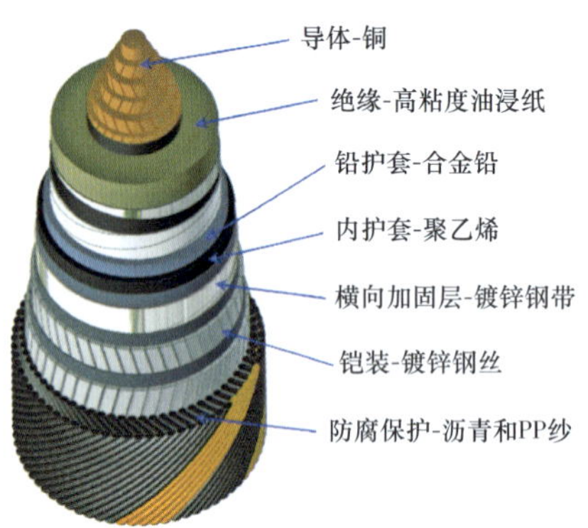

图 7－5　MI 海缆示意图

7.1.2.2　挤包绝缘海缆

挤包绝缘海缆是直接将绝缘材料加热后在导体上挤出包裹，根据其绝缘材料主要分为交联聚乙烯（XPLE）海缆及乙丙橡胶海缆。

交联聚乙烯作为一种新兴绝缘材料能够在相当高的温度下保持稳定，密度小，介电常数低，因此对比油纸绝缘海缆绝缘厚度要更薄，重量也更轻。交联聚乙烯海缆相比传统油纸绝缘海缆具有制造工艺简单、传输容量大、维护方便、成本低等优点，最开始主要应用于交流海缆工程，在随着新型改性 XLPE 电缆料的突破和柔性直流输电技术的出现后又在直流海缆工程上广泛应用。XPLE 海缆示意图见图 7－6。

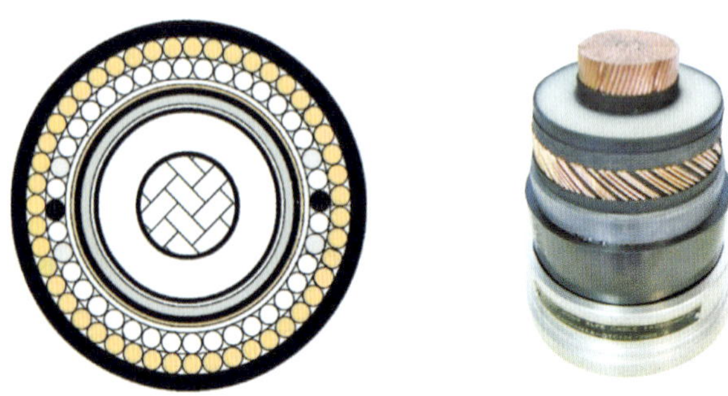

图 7－6　XPLE 海缆示意图

与交联聚乙烯相比较，乙丙橡胶的介质损耗因数和相对介电常数较大，一般用于中压海底电缆，目前仅在国外有过具体应用，电压等级最高为 150kV。另外，挤包绝缘海缆方面国外还开发出新型材料的塑性弹性体（HPTE）绝缘海缆。

目前我国已具备500kV电压等级的XPLE交流海缆生产能力，并有具体工程应用。±525kV的XPLE直流海缆也已完成研发，目前已通过预鉴定试验，即将在青洲五、七海上风电送出工程中应用。相反，油纸绝缘海缆在国内逐渐淘汰，生产线也已退出，也不具备500kV电缆生产能力，只能依靠国外厂家供货及维修。交联聚乙烯海底电缆电气性能优良，耐热性和机械性能良好，同截面海缆载流能力也比油纸绝缘海缆更大；而且交联聚乙烯属于干式绝缘，无需供油系统，敷设不受落差限制，安装及抢修等均较为方便，且不存在油泄漏，不会对周边环境造成影响。因此，国内深远海送出海底电缆建议优先选择交联聚乙烯海缆。

目前海底电缆交联聚乙烯绝缘料主要以进口为主，但国内也在加大研发力度，基于国产绝缘料的交流500kV交联聚乙烯电缆（陆缆）已于2024年4月通过型式试验，但是对于国产料的大长度连续挤出，目前与进口料还有一定差距。

聚丙烯（PP）材料为一种利用丙烯催化聚合过程所制造的半结晶热塑材料，是目前挤出绝缘料的研究热门。在“双碳”背景下，聚丙烯作为热塑性非交联电缆材料，具有更优异的绝缘和耐温性能，具备可塑化循环再利用的独特优点，在简化加工工艺、降低生产成本、提升生产速率等方面有其独到之处，更符合高输送容量环保电力电缆的需求，是高压电力电缆材料的未来发展方向之一。目前国外已建成交流138kV聚丙烯电缆工程，国内已实现多条110kV聚丙烯电缆示范应用，正在研发低介损聚丙烯电缆料，有望在更高电压等级电缆上实现突破。

另外，国外还有少量工程应用了充气海缆。充气海缆与充油海缆类似，绝缘由浸渍纸带构成。电缆安装完毕后，将做抽真空处理，并从端部注入氮气增压。压力气体填充纸带间隙，抑制局部放电的产生。充气海缆交直流均可应用，目前国外最高电压等级138kV，最长距离40km。

7.2 海缆选型

7.2.1 海缆本体

7.2.1.1 导体

（1）导体材料。海缆承载导体材料主要为铜，但是少部分海缆从节省成本角度考虑采用铝导体，尽管铜的成本比铝更高，但是由于铜的电导率高、损耗小，选用铜可以实现较小的导体截面，传输更大的容量，进而减少外层材料（如铅、钢丝等）。

据统计，当500kV交流海缆输送容量达到1100MW时，如果选择铝导体，截面积将达到近2600mm^2，导体绞制加工难度大且海缆整体尺寸将大大增加，海缆敷设安装难度加大。另外，铜的耐腐蚀性比铝也要高得多，因此深远海海上风电送出工程基于海缆距离长、容量大的考虑，应优选选择铜导体。铜及铝的导电参数见表7-1。

表7-1 铜及铝的导电参数

导体材料	电阻率（$R20$，$\Omega\cdot mm^2/m$，20℃）	温度系数 α（1/K，20℃电阻率下）
铜 Cu	0.01786	0.00392
铝 Al	0.02874	0.0042

（2）导体形式。海缆所采用导体形式通常按结构可分为紧压圆形导体、型线导体及分割导体等。深远海风电送出工程所用海缆容量大、距离长，因此圆单线导体并不适用。

1）紧压圆形导体（见图7-7）。紧压圆形导体是由若干根相同直径或者不同直径的圆单线按一定的方向和一定的规则绞合在一起，成为一个整体的绞合线芯。大多数海底电缆的导体由圆单线绞合而成，单线在绞线机上逐层绞合。导体通过模具或辊轮装置紧压，既可以逐层紧压，也可在绞合后紧压，紧压减小了单线之间的空隙，紧压圆单线绞合导体的填充系数可以达到90%以上，由于单线经冷加工紧压，材料的电导率有所减小，如果导体在圈绕应力的影响下松股，可能会损伤绝缘，对于纸绝缘电缆，最里面的纸绝缘层会受力破裂。紧压圆单线绞合导体既适用于交流也适用于直流工程。

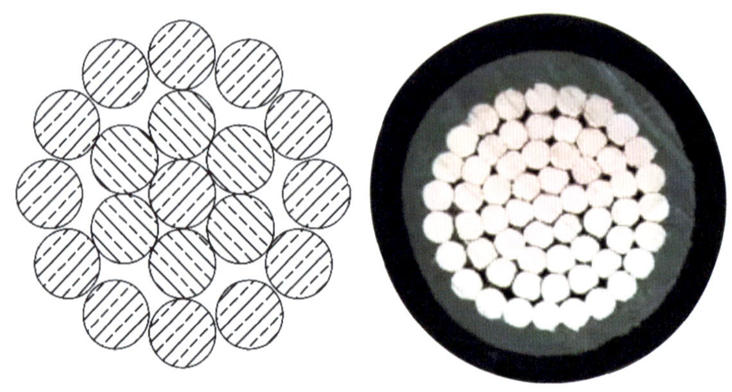

图7-7 紧压圆形导体示意图

2）型线导体（见图7-8）。型线导体由截面呈块状的单线构成，也称为拱形单线导体，填充系数可达到96%以上。导体表面非常光滑，通过挤压工艺，铜型线可以加工成几乎任何形状，成型过程不再需要冷加工，型线成品具有与退火铜一样的良好电导率，几乎没有损失。

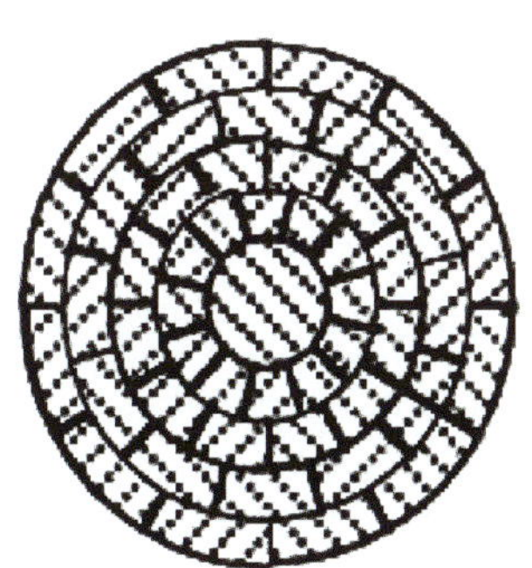

图7-8　型线导体示意图

型线导体填充系数高，电导率高，使得导体外径大幅度减小，但是型线导体单线成本高，加工效率比紧压圆形导体低，而且传统的阻水带绕包工艺也无法应用于型线导体，通常需采用橡胶类半导体阻水化合物作为型线导体的阻水材料，并需专用的装备进行填充，因此一般在大容量的输电工程所用海底电缆上采用型线导体。

3）分割导体（见图7-9）。分割导体由多个股块组成，首先由圆单线绞合成标准的导体股块，再由模具压制成三角扇形，并进行预扭，最后数个股块绞合成一个完整的圆形导体。对于标准的导体，每根单线与导体中心线的距离沿导体是一定的，每根单线按与导体特定中心线距离，积累感应产生电磁场。与之相反，在分割导体中，每根单线沿导体的径向位置从靠近中心到远离中心，位于中心的电磁场与位于边缘的电磁场方向相反，相互部分抵消，这就显著减小了它的趋肤效应。

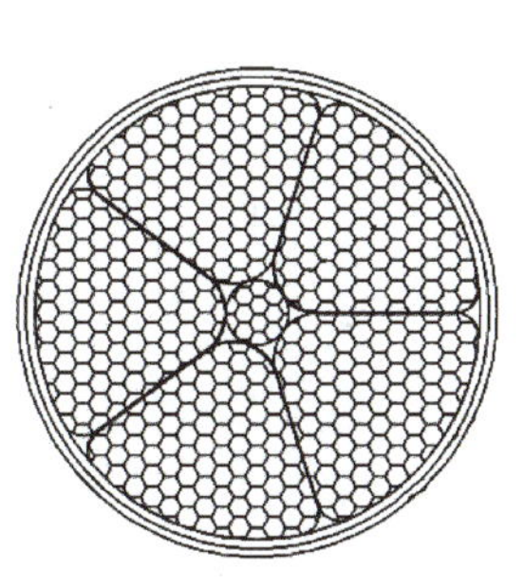

图7-9　分割导体示意图

分割导体的股块中绞合单线数量越多，对趋肤效应减小的效果越明显，股块数一般取五至六个。为了充分利用分割导体中复杂的电流形式，使电流沿着单线流动，不能在单线间“跳动”。

分割导体虽然能减少趋肤效应，但是各股块之间存在较大缝隙，不利于导体纵向阻水，因此不适用于有导体阻水要求的海缆，此外分割导体的制造成本较高，仅适用于大截面规格的海缆。

4）空心导体（见图7-10）。空心导体一般用于充油电缆，其内部是中空的油道，便于海缆油因负荷、环境温度及两端供油系统压力变化而流动。空心导体可以有型线导体和分割导体等不同形式，分割导体的中心导向替换为油道，即可变为空心导体。

部分空心导体包含中心螺旋金属支撑管，避免导体单线陷入中心油道内。空心导体也可由型线构成，由开槽异形型线绞合成自承式导体结构，这样可以省去螺旋支撑管，单线间的沟槽面还有助于绝缘和中心油道之间电缆油的充分流动。

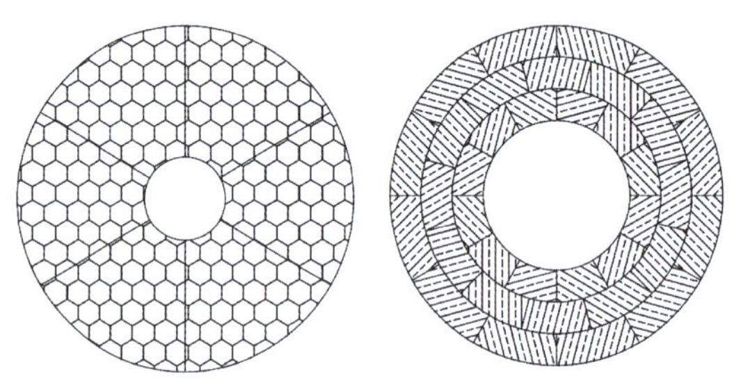

图7-10　空心导体示意图

（3）阻水性能。海底电缆通常要求具有纵向阻水特性，这是其与陆缆导体最主要的区别之一。

当海缆出现故障后，海水在水压作用下，会从破损处沿着导体不断渗入，造成进水部分海缆的报废，同时在运输或安装时，也应避免水分从密封不严的端部封帽侵入，海缆导体的阻水特性就可以阻止水分侵入电缆内部。

为增强海缆导体的阻水性能，阻水粉、阻水带或阻水纱在导体绞合时会加入各层之间，一旦海缆导体遇水，这些阻水材料便会显著膨胀，能有效阻塞水分的侵入通道。此外，为适应深水区海缆导体应用环境，通过在导体单线上挤一层聚合物基材，可提高海缆导体的阻水性能，目前常用的是橡胶基阻水胶对导体缝隙进行填充，能够完全阻挡海水，具有比阻水带或阻水纱更高的耐水性能。

另外需要说明的是，充油电缆和粘性浸渍纸绝缘电缆具有纵向阻水性能，不需要额外采取附加的阻水措施。

7.2.1.2　绝缘

（1）交流海缆绝缘厚度。绝缘层厚度的设计，一般以最大场强作为设计的依据，还要考虑海缆在运行中所承受的各种电压及绝缘材料击穿的统计规律，以及考虑绝缘的机械强度和工艺性能等。海缆绝缘层通常由介电常数相同的材料构成，称为不分阶绝缘，对于高压单芯不分阶绝缘电缆，距离线芯任意一点电场强度为：

$$E = \frac{U}{r \ln \frac{R}{R_c}} \tag{7-1}$$

式中

E——绝缘层中距离线芯 r 处电场强度；

U——海缆承受的电压；

r——绝缘层中任意一点距离线芯中心的距离；

R——绝缘层外表面半径；

R_c——绝缘层内表面半径，或导体屏蔽层半径。

$$E_{max} = \frac{U}{R_c \ln \frac{R}{R_c}} \tag{7-2}$$

可见，在线芯表面导体屏蔽层处电场强度最大，即 $r = R_c$ 时，考虑绝缘安全系数时，最大场强如下：

$$\frac{E_{max}}{m} = \frac{U}{R_c \ln \frac{R}{R_c}} \qquad (7\quad 3)$$

式中

m——绝缘安全系数，一般取 1.2～1.3。

当最大场强满足上式要求时，绝缘层厚度为：

$$\Delta d = R - R_c \tag{7-4}$$

可分别用海缆承受的工频电压和冲击电压计算出最大场强对应的绝缘厚度，取两者中较大值作为最终选择的绝缘厚度。

（2）直流海缆绝缘厚度。直流海缆中的电磁分布式与体积电阻率成正比，电阻率与温度、电磁有关，且受空间电荷累积的影响明显。运行中的直流海缆电场分布在受到雷电冲击电压、操作冲击电压作用下受介电常数 ε 影响，因此直流海缆绝缘层中电场分布比交流海缆复杂得多。

当海缆绝缘体积电阻率 $\rho = \rho_0 e^{-\alpha\theta_r} E_r^{-p}$ 时，绝缘中的电场强度为

$$E_r = \frac{U\delta r^{\delta-1}}{R^{\delta} - R_C^{\delta}} \tag{7-5}$$

式中

E_r ——绝缘层中距离线芯 r 处电场强度；

U ——海缆承受的电压；

r ——绝缘层中任意一点距离线芯中心的距离；

R ——绝缘层外表面半径；

R_C——绝缘层内表面半径，或导体屏蔽层半径；

ρ_0 —— 0℃时的体积电阻率；

θ_r ——绝缘层中距离线芯 r 处温度。

δ 可按下式进行计算：

$$\delta = \frac{P}{P+1} + \frac{\alpha}{P+1} \cdot \frac{\theta_C - \theta_S}{ln \dfrac{r}{R_C}} \tag{7-6}$$

式中

θ_C 、θ_S ——导体和金属护层温度；

P ——绝缘电阻的电场系数，一般情况下油纸绝缘 $P \approx 1$，交联聚乙烯绝缘 $P \approx 2$；

α ——绝缘电阻的温度系数，一般情况下油纸绝缘 $\alpha \approx 0.11/℃$，交联聚乙烯绝缘 $\alpha \approx 0.051/℃$。

从上式中可以看出，直流海缆绝缘层中电场分布于，电缆绝缘结构尺寸、承受电压大小和导体负载电流大小有关。当直流海缆导体电流为0，即线路空载时，最大电场强度在导体屏蔽外表面上；当负载增加时，导体屏蔽表面场强减小，绝缘层外表面电场强度将增大，并超过导体屏蔽层上的场强。

直流海缆线路雷电过电压因直流避雷器保护方式及海缆长度而不同，在无避雷器时约为额定电压的3倍，而内部过电压约为额定电压的1.7倍。由于各种交流分量的过电压叠加在直流电压上，绝缘的击穿强度由其合成的最高电压决定，因此运行中直流海缆绝缘经受雷电冲击过电压或操作冲击过电压时，叠加反极性冲击电压比叠加同极性冲击电压时的绝缘介质的击穿强度要小，故叠加冲击电压绝缘水平已成为影响海缆绝缘厚度的主要因素，特别是对高压直流海缆的厚度更是决定性因素。

7.2.1.3 阻水护套

海底电缆绝缘必须进行专门保护，以避免受水分侵入，造成绝缘强度降低。高压海缆通常采用铝、铅、铜及其他金属进行保护，其中铅或铅合金护套为首选，优点是密封性能好，可以防止水分或潮气进入电缆绝缘，且熔点低，可以在较低温度下挤压到电缆绝缘外层，耐腐蚀性、弯曲性能也较好。

中压海缆由于绝缘的电气强度要求不高，一般不采用金属套结构，而用更为简单的护套设计形式。

7.2.1.4 屏蔽

屏蔽层主要有两方面的作用：第一是为提高海缆的抗电磁干扰能力，需在 PE 护套外再绕包一层铜带，第二是电缆敷设或维修打捞时，承受极大拉应力和压应力，因此在 PE 护套外层需绞合一层扁铜线铠装层的受力构件。

7.2.1.5 铠装

海缆在安装过程中易受张力的作用，张力不仅来自于悬挂海缆的重量，还包括敷设船垂直运动产生的附加动态力，因此安装过程中的合力会远大于海缆垂下至海底的静态受力。另外，海缆运行过程中，同样会遭受安装机具、渔具和锚具带来的外部威胁。

海缆主要受力构件即为铠装，铠装是海底电缆至关重要的结构元件，它提供了机械保护和张力的稳定性，用来保护电缆免受外界机械性损伤。

海缆的铠装由金属线沿海缆按一定的绞合距离（也称为节距）绞制而成，节距为铠装层下电缆直径的 10～30 倍，铠装圆单线的直径为 2～8mm。铠装的设计对一些电缆特性有较大的影响，如弯曲刚度、张力稳定性、扭力平衡以及处理和安装方法的选择等。因此，对于每个海缆工程，铠装的设计应满足海缆规划路由中每个区域的张力稳定性、外部危害形式和保护要求，同时应能满足敷设和维修打捞及运行条件下对电缆机械抗拉强度的要求。

海缆相关标准中，一般推荐采用镀锌钢丝、铜丝或其他耐海水腐蚀的金属材料制作铠装，钢丝铠装可以承受较高的机械抗拉负荷，但是，单芯交流电缆采用钢丝铠装后，由于磁滞损耗和涡流损耗很大，从而降低了电缆的载流量。试验表明，采用钢丝铠装的电缆比采用非磁性材料铠装的海缆载流量小 30%～40%，因此海上风电用海缆的铠装选择应综合考虑海缆损耗、输送容量要求、面临外力破坏风险程度、保护等级等因素后确定。

7.2.1.6 关键参数选择

（1）电阻计算。最高温度下单位长度导体电阻是决定和影响海缆传输性能和输送容量的最重要因素之一，但交流海缆和直流海缆的导体电阻计算不同，需加以区别。

1）直流海缆电阻计算。单位长度直流海缆的导体直流电阻计算如下：

$$R' = \frac{\rho_{20}}{A}[1 + \alpha(\theta - 20℃)]k_1 k_2 k_3 k_4 k_5 \tag{7-7}$$

式中

R'——单位长度电缆导体在 θ℃温度下的直流电阻，Ω/m；

A——导体截面积，如导体由 n 根相同直径 d 的导线扭合而成，则 $A = n\pi d^2/4$；

ρ_{20}——导体材料在温度为20℃时的电阻率，标准软铜 $\rho_{20} = 0.017241 \times 10^{-6}\Omega \cdot m$ 或 $1/58\Omega \cdot mm^2/m$；

α——导体电阻的温度系数，1/℃，对于标准软铜 $\alpha = 0.00393$ ℃$^{-1}$，对于涂（镀）锡软铜 $\alpha = 0.00385$ ℃$^{-1}$，对于软铜制品 $\alpha = 0.0039$ ℃$^{-1}$；

k_1——单根导线加工过程引起金属电阻率的增加所引入的系数，它与导线直径大小、金属种类、表面有否涂层有关，具体数值可查询《电线电缆手册》相关表格；

k_2——用多根导线绞合而成的线芯，使单根导线长度增加所引入的系数。对于实心线芯，$k_2 = 1$；对于固定敷设电缆紧压多根导线绞合线芯结构，$k_2 = 1.02$（200mm²以下）~1.03（250mm²以上）；对于不紧压多根导线绞合线芯结构和固定敷设软电缆线芯 $k_2 = 1.03$（4层以下）~1.04（5层以上）；

k_3——紧压线芯因紧压过程使导线发硬、电阻率增加所引入的系数（≈1.01）；

k_4——因成缆绞合增长线芯长度所引入系数，对于多芯电缆及单芯分割导线结构，$k_4 \approx 1.01$；

k_5——因考虑导线允许公差所引入系数，对于非紧压线芯结构，$k_5 = [d/d-e]^2$，e为导线容许公差。对于紧压结构线芯，$k_5 \approx 1.01$。

2）交流海缆电阻计算。在交流电压下，交流海缆的线芯电阻将由于集肤效应、邻近效应而增大，这种情况下的电阻称为有效电阻，有效电阻可根据麦克斯韦方程进行推导，一般采用下列简化公式计算交流电缆线芯的有效电阻：

$$R = R'(1 + Y_S + Y_p) \tag{7-8}$$

式中

R——最高工作温度下交流有效电阻，Ω/m；

R'——最高工作温度下直流电阻，Ω/m；

Y_S——集肤效应系数，由于集肤效应而增加的电阻百分数；

Y_p——邻近效应系数，由于邻近效应而增加的电阻百分数。

通常情况下 Ys 和 Yp 分别可由下式求得：

$$Y_S = \frac{X_S^4}{192 + 0.8X_S^4} \tag{7-9}$$

$$Y_P = \frac{X_p^4}{192 + 0.8X_p^4}\left(\frac{D_\sigma}{S}\right)^2 \times \left[0.312\left(\frac{D_\sigma}{S}\right)^2 \cdot \frac{1.18}{\frac{X_p^4}{192 + 0.8X_p^4} + 0.27}\right] \tag{7-10}$$

$$X_S^2 = \frac{8\pi f}{R'} k_S \times 10^{-7} \tag{7-11}$$

$$X_P^2 = \frac{8\pi f}{R'} k_P \times 10^{-7} \tag{7-12}$$

式中

f ——线路频率（Hz）；

D_σ ——线芯外径，对于扇形芯电缆，它等于截面积相同圆形芯的直径；

S ——线芯中心轴间距离；

k_S、k_P ——常数，不同结构的线芯有不同数值，具体数值可查询《电线电缆手册》相关表格。

（2）载流量计算。

1）交流海缆载流量。海底电缆载流量主要按照等值热路分析法进行计算，根据海缆环境温度，结合当前海底电缆的负荷情况、电压电流参数、海缆各层热阻及周围环境的热阻等相关数据，以及电缆发热特性、载流量计算以及热力学传导的相关理论，逆向推导，即可计算出海底电缆导体线芯的温度，从而推出电流情况。

根据标准 IEC 60287 的内容，以铅护套为例，海底电缆发热的热路模型如图 7－11 所示。

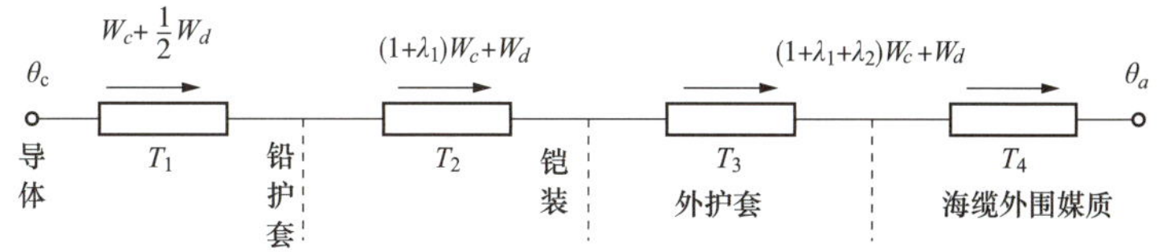

图 7－11 海底电缆热路图

图中

$W_c = I^2R$，为导体发热量，I 为载流量，R 为最大对应载流量下的导体交流电阻；

$W_d = \omega C U^2 \tan\delta$，为介质损耗，$C$ 为海缆电容，$\tan\delta$ 为海缆介质损耗角正切；

$\lambda_1 W_c$ 为铅护套损耗，λ_1 为铅合金护套损耗系数；

$\lambda_2 W_c$ 为铠装损耗，λ_2 为铠装损耗系数；

T_1 、T_2 及 T_3 分别为导体与铅合金护套、铅合金护套与铠装以及外护套的热阻，T_4 为海底电缆周围环境的热阻；

θ_c 为海底电缆导体的温度，θ_a 为海缆表面的温度。

根据热路模型可以得到，海底电缆导体线芯与海缆表面温度差为：

$$\Delta\theta = \theta_c - \theta_a = \left(I^2 R + \frac{1}{2} W_d\right) T_1 + [I^2 R(1 + \lambda_1) + W_d] n T_2 + [I^2 R(1 + \lambda_1 + \lambda_2) + W_d] n (T_3 + T_4) \tag{7-13}$$

则海底电缆载流量为：

$$I = \sqrt{\frac{(\theta_c - \theta_a) - W_d[0.5 T_1 + n(T_2 + T_3 + T_4)]}{R T_1 + n(1 + \lambda_1) T_2 + nR(1 + \lambda_1 + \lambda_2)(T_3 + T_4)}} \tag{7-14}$$

对于单芯电缆，上式中 $n=1$。

海底电缆载流量计算，需计算各层级外部环境热阻，由于海缆各层中，金属部分的热阻相比非金属部分的热阻小得多，因此可以忽略不计，只考虑非金属部分的热阻即可。

a. 导体和铅合金护套之间的热阻计算。在 IEC 60287 标准中，电缆结构较为简单，在导体与铅合金护套之间只计算绝缘层的热阻，在铅合金护套与铠装之间也只计算内衬层的热阻。但是对于像海南联网工程采用的三层金属层之间还分布有 4 层其他非金属层的海缆而言，为了使结果更准确，可以将导体与铅合金护套之间及铅合金护套与铠装之间的热阻分别看作其间 4 层非金属层热阻串联而成。

导体与铅合金护套之间的热阻 T_1 可以看作其间四层非金属层的热阻 T_{1i} 的串联，则有：

$$T_1 = \sum_{i=1}^{4} T_{1i} = \sum_{i=1}^{4} \left\{\frac{\rho_{T_{1i}}}{2\pi} ln \left[1 + \frac{2 t_{1i}}{D_{1i}}\right]\right\} \tag{7-15}$$

式中

T_{1i} ——导体与铅合金护套之间第 i 层的热阻；

$\rho_{T_{1i}}$ ——该层的热阻系数；

t_{1i} ——该层的厚度；

D_{1i} ——该层内径。

b. 铅合金护套和铠装之间热阻计算。铅护套和铠装之间的加强层、防蛀层为金属部分，相对于非金属部分来说，其热阻要小得多，可以忽略不计，因此有：

$$T_2 = \sum_{i=1}^{4} T_{2i} = \sum_{i=1}^{4} \left\{\frac{\rho_{T_{2i}}}{2\pi} ln \left[1 + \frac{2 t_{2i}}{D_{2i}}\right]\right\} \tag{7-16}$$

c. 外护套热阻计算。海缆最外层外护套由聚丙烯纱和沥青构成，其热阻如下：

$$T_3 = \frac{\rho_{T_3}}{2\pi} ln \left[1 + \frac{2 t_3}{D_3}\right] \tag{7-17}$$

式中，外护层厚度为 t_3，内径为 D_3，热阻系数为 ρ_{T_3}。

d. 外部热阻计算。海底电缆外部热阻与海底电缆所处环境特点有关。对于海洋及登陆段埋入泥土中的海缆，其外部环境热阻为：

$$T_4 = \frac{\rho_T}{2\pi}\left\{ln(u + \sqrt{u^2 - 1}) + ln\left[1 + \left(\frac{2L}{s}\right)\right]\right\} \tag{7-18}$$

式中

$u = \frac{2L}{D_e}$，L 为海缆埋深，D_e 为海缆外径，ρ_T 为土壤热阻，s 为海缆间距。

海底电缆上至终端头有部分空气裸露段，此段海缆由地底出来，直接上终端头处，不与日光直接接触，因此可以不考虑日照的影响，此时外部热阻为：

$$T_4 = \frac{1}{\pi \cdot D_e \cdot h \cdot (\Delta\theta_s)^{\frac{1}{4}}} \tag{7-19}$$

式中

h 为散热系数，$h = \frac{Z}{D_e^g} + E$，查 IEC60287 中相关表格可得到系数 Z、E、g；$\Delta\theta_s$ 为超过环境温度以上的电缆表面温升，由迭代求得。

2）直流海缆载流量。直流海缆不存在外部金属套的感应电压，因此介质损耗、内护套损耗、铠装损耗均无需考虑，但是需考虑绝缘泄漏电流损耗。以单芯为例，直流电缆载流量按如下式进行计算：

$$I = \sqrt{\frac{(\theta_c - \theta_a) - W_{DC}[0.5T_1 + T_2 + T_3 + T_4]}{R_{DC}(T_1 + T_2 + T_3 + T_4)}} \tag{7-20}$$

式中，R_{DC} 为最大载流量下的导体直流电阻，W_{DC} 为绝缘泄漏损耗，其他参数与交流海缆载流量计算一致。

直流电阻及绝缘泄漏损耗按如下式进行计算

$$R_{DC} = R_{20}[1 + \alpha(\theta_c - 20℃)] \tag{7-21}$$

$$W_{DC} = \frac{U^2}{R_i} \tag{7-22}$$

式中，R_{20} 为 20℃时的导体直流电阻，α 为温度系数（1/℃），U 为海缆电压，R_i 为单位长度绝缘电阻。

单位长度绝缘电阻按下式计算

$$R_i = \frac{\rho_i}{2\pi} ln \frac{D_c + 2\Delta d}{D_c} \tag{7-23}$$

式中，ρ_i 为绝缘体积电阻率，D_c为海缆导体直径，Δd 为海缆绝缘厚度。

（3）短路电流计算。海缆的允许短路电流 I_{SC}是根据其在短路电流作用期间，海缆的温度不超过其允许短路温度而定的，计算公式如下：

$$I_{SC} = \sqrt{\frac{C_C}{R_{20}\alpha t} ln \frac{1 + \alpha(\theta_{sc} - 20)}{1 + \alpha(\theta_0 - 20)}} \tag{7-24}$$

式中

θ_{sc} ——海缆允许短路温度，一般取以下值：粘性浸渍及充气海缆为 220℃，充油海缆为 160℃，交联聚乙烯海缆为 250℃；

θ_0 ——短路前海缆温度；

R_{20} ——20℃时单位长度海缆导体交流电阻；

α ——导体电阻的温度系数（1/℃）；

C_C ——海缆导体的热容［J/（m·℃）］，可直接查询不同导体材料的热容系数；

t ——短路时间。

（4）短时过负荷能力计算。海底电缆在事故情况或紧急情况下，才进行过负载运行，此时所允许通过的电流为短时过载载流量，短时过载电流按下式进行计算：

$$I_2 = I \cdot \left\{\frac{h_1^2 R_1}{R_{max}} + \frac{(R_R/R_{max}) \cdot (r - h_1^2 \cdot R_1/R_R)}{\theta_R(t)/\theta_R(\infty)}\right\} \tag{7-25}$$

$$h_1 = \frac{I_1}{I} \tag{7-26}$$

$$r = \frac{\theta_{\max}}{\theta_R(\infty)} \tag{7-27}$$

式中

I_1 ——海缆过载前载流量；

I ——海缆额定载流量；

θ_{max} ——允许短时过载温度；

$\theta_R(\infty)$ ——海缆稳态温升；

$\theta_R(t)$ ——过载时的海缆暂态温升；

R_1、R_R、R_{max} ——在过载前温度、额定工作温度、允许短时过载温度下的单位长度海缆导体交流电阻。

对于直接埋在登陆段或海床土壤中的海缆，$\theta_R(t)$ 可按下式计算：

$$\theta_R(t) = \theta_C(t) + \alpha(t)\,\theta_e(t) \tag{7-28}$$

式中

$\theta_C(t)$ ——导体对海缆表面的暂态温升；

$\theta_e(t)$ ——海缆表面对环境的暂态温升；

$\alpha(t)$ ——导体和电缆外表面之间的暂态温升的达到因数。

根据上述要求可计算出在不同负荷情况下，海缆的短时过负荷能力，如表 7 - 2 所示为某典型海缆短时过负荷能力情况。

表 7 - 2　　某典型海缆的短时过负荷能力表

时间（h）	短时热载流量					
	前后 50% 负载		前后 75% 负载		前后 100%	
	载流量（Amps）	最高温度（℃）	载流量（Amps）	最高温度（℃）	载流量（Amps）	最高温度（℃）
1	1530	90	1290	90	815	90
2	1310	90	1130	90	815	90
4	1160	90	1030	90	815	90
6	1110	90	1000	90	815	90
8	1080	90	980	90	815	90

7.2.2 海缆附件

7.2.2.1 海缆终端

（1）岸上交流海缆终端。

1）户外终端。户外终端用以连接电缆至架空输电线，其绝缘套管可为瓷套管或聚合物套管，绝缘套管伞裙的爬电比距通常为 25 - 40mm/kV，取决于现场实际的盐雾及污秽程度，对靠近海岸的高盐高湿区域，还要求对终端金具进行防腐保护，一般推荐采用高耐腐蚀等级取代标准的铝材防腐等级保护，此外近岸安装终端还应考虑一定的抗风等级。户外终端结构见图 7 - 12。

2）气体绝缘开关终端（GIS 终端）。气体绝缘开关终端用于将海缆与气体绝缘开关相连接，该种形式终端常用于高电压等级。气体绝缘开关终端有标准尺寸，需与开关相适配，气体绝缘开关终端的应力锥装置于电缆绝缘顶端，此应力锥插入气体绝缘开关的圆锥形插座中，部分气体绝缘开关终端应力锥完全与圆锥形插座相适配（插接式），此种终端一般无油，但部分其他设计在应力锥与圆锥形底座间会有少量绝缘油填充。GIS 终端示意图见图 7 - 13。

图 7-12　户外终端结构

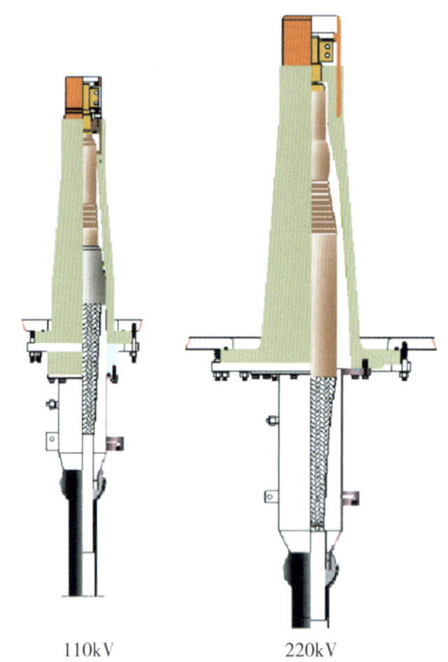

图 7-13　GIS 终端示意图

（2）岸上直流海缆终端。因为纯电容元件不适用于直流电场控制，因此直流海缆终端必须采用或至少部分采用电阻元件。

1）挤包绝缘高压直流海缆终端。150kV 以下挤包绝缘高压直流海缆终端与岸上电缆终端完全相同，终端具有聚合物绝缘套管，并且完全无油。终端安装于室内，其电场分阶元件由具有非线性电阻率的电阻性材料制成，受到高电压时有较高导电性，能降低终端内部的高电场部分的电场强度。

2）直流低油压充油海缆终端。直流低油压充油海缆终端与相应的交流电缆终端十分相似，但其应力锥和外部绝缘套管的直流电场控制设计有所不同，应力锥用油浸制成，可以工厂预制，也可以现场安装成型，终端亦有充油接口将油充入电缆。

3）粘性浸渍纸绝缘高压直流电缆终端。粘性浸渍纸绝缘高压直流电缆终端与低油压充油电缆终端相似，但是供油系统不同，低油压充油电缆终端要考虑整根电缆（或者至少一半长度电缆）因温度变化产生的供油量变化，而粘性浸渍电缆终端只需考虑终端内部的少量油量膨胀。

（3）海上平台终端。海上风电的海上平台终端安装环境较登陆点更为严苛，由于气候恶劣和空间有限，一般采用气体绝缘终端将电缆直接连接至气体绝缘封闭开关，采用聚合物绝缘插入式连接器或变压器终端。终端部件可与陆上电缆采用相同标准部件，但必须具有更高的防腐蚀要求，并且使用更加严苛的产品技术要求和安全标准，终端的装配和安装环境也会比岸上更恶劣，要求也更严格。

7.2.2.2 海缆接头

由于海底电缆生产工艺的制约及运输条件的限制，单根海底电缆的长度不可能无限长，对于深远海风电送出工程，海底电缆路由距离长，需要用接头将单根海缆相连。海缆接头是海缆技术的瓶颈，虽然目前接头技术取得了较高的发展，但是接头仍然是运行中海缆的薄弱环节，需要重点关注，因此应尽可能减少接头的使用。

海底电缆接头根据用途可分为工厂接头、安装接头、维修接头，按接头特点可分为软接头和硬接头。维修接头主要为海底电缆故障修复后使用。

（1）工厂接头。工厂接头是指采用海缆本体相同或者相近的材料和结构来接续海缆的一种接头方式，一般都在工厂内完成。工厂接头区别于修理接头，具有柔性，其机械性能与电气性能接近或等同于海缆本体原有的性能，外径与本体接近。

工厂接头用以连接装铠前的半成品海缆，当生产过程中出现事故时，必须切除损坏的海缆段，此时亦要采用工厂接头。工厂接头不采用螺纹连接，因为会增加接头直径，并且会妨碍接头进一步制作，导体连接后，要恢复绝缘，通常采用于海缆相同的绝缘结构，此外工厂接头还包含接头绝缘上的铅套。工厂接头示意图见图7－14。

纸绝缘海缆和聚合物绝缘海缆可采用一般设计的工厂接头，聚合物绝缘海缆（交联聚乙烯、乙丙橡胶）的接头绝缘采用与海缆相似的材料制成带材，绕包在海缆间的间隙内，其屏蔽为含炭黑的聚合物带材，接头绝缘在加热和压力下固化，使聚合物带材融合在一起，成为无孔隙的均质连续的材料。如果采用交联聚乙烯带材，其固化要有较长的交联过程时间，海缆绝缘和接头绝缘界面必须无微孔、间隙、开裂或杂质，导体屏蔽制备、海缆导体屏蔽和接头屏蔽间的过渡处理均要求表面光滑，平整，与对

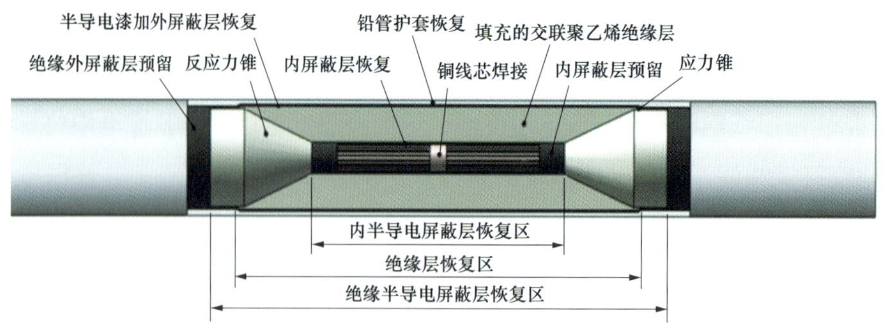

图 7－14　工厂接头示意图

应层贴合紧密。

（2）安装接头。安装接头指成品海缆的接头，是海上敷设船上制作的接头或在海滩区域制作的接头，包含导体、绝缘、铠装及所有中间各层。在接头制作时，至少有一根海缆从敷设船的敷设滑轮或敷设滑道悬挂向下，恶劣天气会影响接续作业，因此安装接头时间应尽可能短，并选择足够长时间的海况合适的天气条件，一旦开始接续作业，只有切断海缆后才可中断操作。

1）柔性安装接头。柔性安装接头在长海缆于近海处与后续交货海缆相连接时具有明显优势，在第一根海缆敷设后，敷设船从厂房或储存码头装运下一根海缆后，回到海缆路由区域，并将第一根海缆末端拉起，经敷设滑轮放到敷设船上的接头房内，仍在敷设船上的第二根海缆则用柔性安装接头与第一根电缆相连接。

柔性安装接头的基本情况与工厂接头的工艺程序相同，包括对接头的导体连接、绝缘和铅套处理，接头的尺寸可稍大于对应的海缆，海缆的柔性安装接头必须具备高抗张强度的铅装，确保接头可以弯曲。

2）刚性接头。刚性接头与柔性接头区别很大，外部有刚性外壳，常用的为钢管，刚性外壳用作电缆末端的铠装丝的连接点，也可对其内部电缆接头起到保护作用。刚性接头示意图见图 7－15。

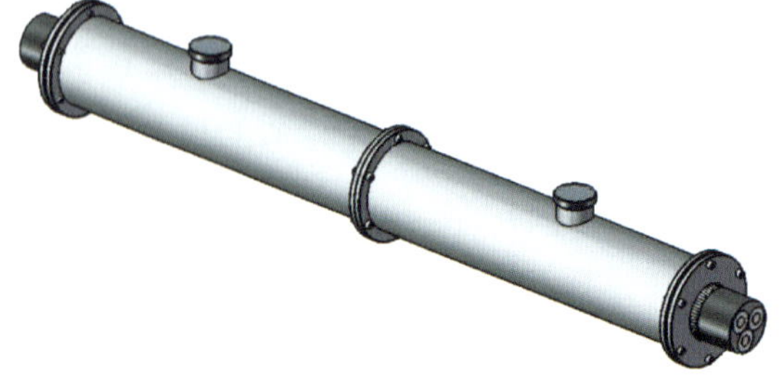

图 7－15　刚性接头示意图

接头是海底电缆的制作难点和故障易发点，应尽可能不设或少设，对海上风电柔直输电系统而言，交流集电线路海底电缆一般较短，有条件不设接头，直流送出海缆设置接头数量应考虑到制造厂装备能力、敷缆船运输能力等因素，为保证性能相容和结构尺寸配合要强调和注意与海底电缆本体一起通过试验。

7.2.2.3 J型管（见图7－16）

在海上换流站中，需通过专用装置将海缆向上引至固定平台甲板进行连接，由于其连接形状为“J”形，故一般称为J型管。J型管的头部向下至海底，上端至海上平台最低甲板下面或上面位置，按其形状成为喇叭口的下部开口通常从平台支撑架引导朝上，此喇叭口可在海底下面或稍高于海底，海缆安装时，用拉绳通过喇叭口拉住电缆向上至平台。

为保证顺利地安装电缆，J型管头部半径应明显大于海缆最小弯曲半径，且J型管直径至少是海缆直径的2.5倍。

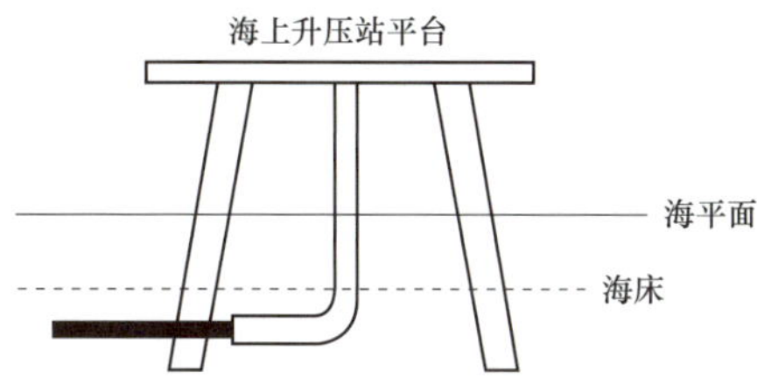

图7－16 海上风电场J型管示意图

大多数J型管保持底部开口，但也有一些J型管将海缆周围塞住，以保持内部有防腐液体。在J型管设计阶段应特别注意J型管中海底电缆的散热情况，充水的J型管中，海缆与J型管壁间靠对流传热，对流传热效果与环形间隙的大小相关，当J型管中有空气进入时，上部有空气部分的散热效果会更差。

7.2.2.4 锚固及接地装置（见图7－17）

固定或移动平台中垂直悬挂海缆的自重用锚固装置来承载，锚固装置为海缆铠装层与平台建筑间采用特殊设计的法兰结构件，此法兰构件将电缆铠装层夹紧，以承载机械负荷，海缆剥除铠装后，外层仅由铅套或铜套和塑料护套的电缆芯通过锚固装置向上至电缆终端。对于海上平台处海缆而言，锚固装置必须要设置，但对于登陆段海缆可视实际情况而定。

海缆两端还应设置接地箱，集电海缆两端考虑到回路较多和布置场所有限，也可采用专用接地线，见图7－18。

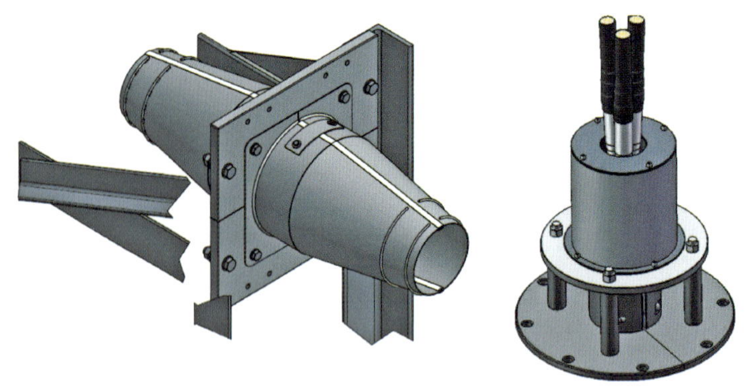

图 7－17　两种典型的锚固装置

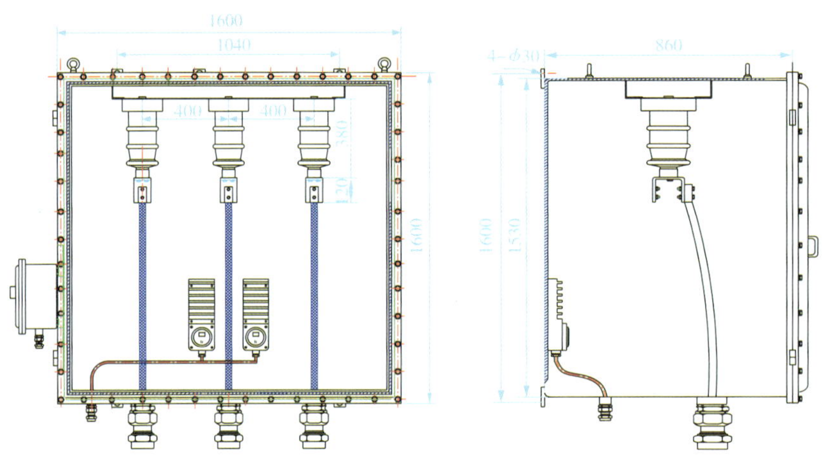

图 7－18　海上平台典型接地箱示意图

7.2.2.5　限弯器（见图 7－19）

海缆在其弯曲刚度不连续处易产生过度弯曲和疲劳，在海缆进入刚性接头外壳入口处、固定装置如锚固装置的入口处、电缆封端进入浮动装置的入口处更易发生这种情况，在这些地方，海缆发生过度弯曲或反复弯曲会造成严重的疲劳损伤，海上平台入口处海缆宜设置限弯器。

限弯器为弹性体材料制成的套管，用以保护靠近进入刚性结构体入口处的海缆，限弯器圆锥形状会渐变增强弯曲刚度，能够适应柔性电缆的弯曲。

限弯器由很多聚合物材料或金属的联锁铠甲构成，套在电缆上，使电缆按联锁铠甲的一定弯曲角度弯曲，限弯器可确定最小弯曲半径（与海缆负载无关），因为它逐级增加电缆弯曲刚度，使弯曲刚度不连续。

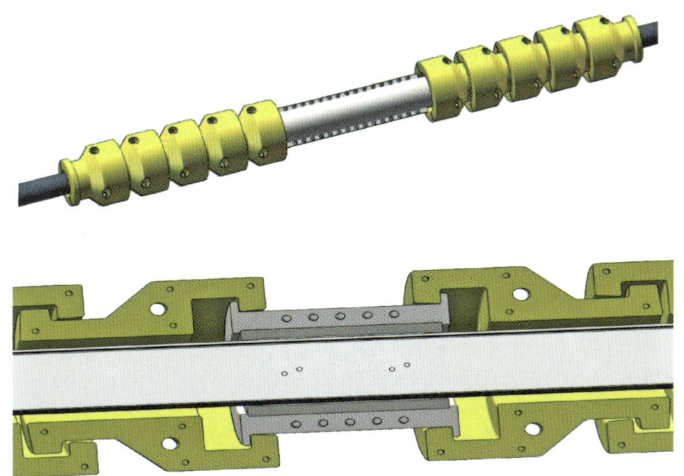

图 7－19 限弯器示意图

7.3 海缆路由规划

7.3.1 海缆路径影响因素

在海缆路由规划时必须考虑许多因素，这些因素的影响将直接导致海缆长度的变化，从而影响海缆的成本、建造、可靠性以及可维护性，因此应充分权衡这些因素之间的利弊。

海缆路径影响的因素主要包括：

（1）海底自然环境。在海底自然环境下会出现一系列突发事件，如地震、海底火山等。

（2）水深。随着深度的增加，海底电缆敷设的张力也随之增大，直接会影响海底电缆的设计和安装方法，对路由的勘查也会更困难，成本更高。

（3）暗礁、珊瑚及海沟等。将海缆敷设在暗礁、珊瑚等锋利的物体上会使海缆正面遭受威胁，悬挂于海底两点间的海缆由于受到水流的冲击，会造成涡激振动，导致海缆在海底与锋利物体摩擦发生磨损。

（4）潮汐、洋流和海浪。潮汐，洋流和海浪直接影响海底电缆安装施工及后期维护检修，另外水流带来的淤泥或砂砾也会磨损海缆，此外潮流较大会穿越海缆前后冲刷而将电缆损坏。

（5）海底土壤结构的稳定性。海底土壤的成分和密度会影响海缆沟的稳定性，土壤里出现的石头，露出地面的岩石和暗礁也会影响海缆作业，此外海底土壤在洋流的作用下冲刷，会导致海缆上的泥土被冲刷，使得海缆裸露、悬空并承受巨大的外力，部分海缆也会被埋得更深，一定程度上影响海缆的输送容量。

（6）冰山和浮冰。受潮汐影响冰山会生移动，从而猛烈撞击海缆。

（7）土壤热阻。土壤的热阻在海缆设计中会影响导体尺寸和运行温度，通常情况下若土壤中含有大量有机矿物质的沉积物、油污或火山灰等物质时，会导致海缆热阻系数偏高。

（8）化学腐蚀。海底环境中的腐蚀性将直接影响到海缆的设计寿命。

（9）海洋生物。海缆运行状态下会产生热量，导致部分海洋生物附着其上，影响海缆的散热，对输送容量产生影响，附着海洋生物的分泌物可能还会腐蚀海缆，另外部分海洋生物还会破坏海缆，如鲨鱼等，海洋生物对海缆影响示意图见图7－20。

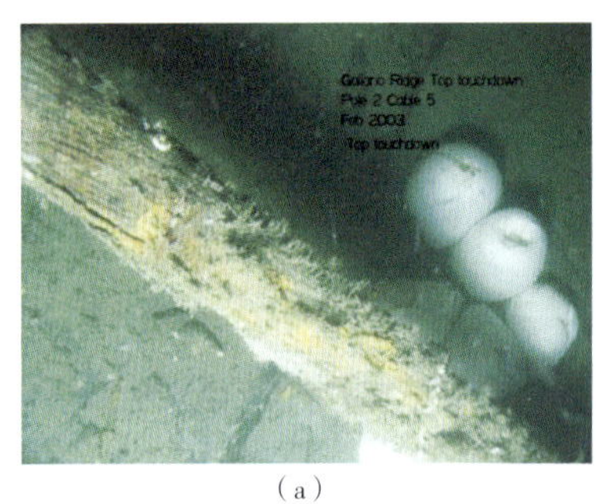

（a）

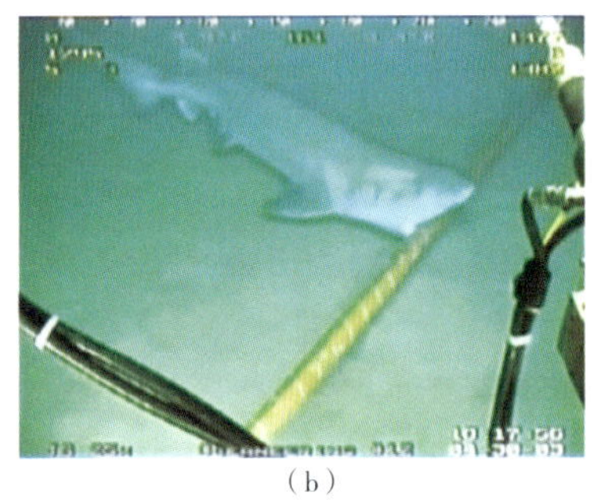
（b）

图7－20　海洋生物对海缆影响示意图

（a）海洋生物附着海底电缆生长；（b）鲨鱼嗜咬海底电缆

（10）海洋动植物及自然保护区。受环保部门要求，为防止对海洋环境造成影响，破坏生物多样性，海缆路径选择还需考虑鸟类繁殖及鱼类产卵区、珍稀动物保护区、自然保护区以及其他敏感的自然资源区等。

（11）人为因素。海底电缆建设及后期运维过程中通常会遇到相当多的人为因素，因此海缆路径的选择还应充分调查了解人为影响因素，具体包括以下内容：

1）其他的电力、通信电缆和石油管道，以及废弃的管线等。

2）管道，包括下水道，供水和煤气管道。

3）下水道的排出物。

4）沉没的船舶和残骸，特别是那些靠近码头或桥梁附近区域，炸弹等。

5）桥墩，船坞，建筑等，它们有可能被遗弃，且在水下，水面不可见。

6）挖泥处置区，或者海洋倾倒区。

7）受限制的区域，例如海军训练和试验的区域。

8）规划中的建筑物。

（12）危及施工及运行海缆运行的人类活动。

最常见的海底电缆故障是由于人类活动带来的机械损伤，因此海缆路径规划阶段应充分调查危及海缆的人类海洋作业及相关活动，综合分析评估海缆路径，通常导致海缆损伤的人类活动主要包含以下内容：

1）通航船只。

2）船锚和拖船的缆绳。

3）海滩的水上设备。

4）船舶的停靠和桥梁维护。

5）捕捞作业。

6）倾泻残骸、碎片。

7）水上农业。

8）打桩作业。

9）定向钻孔。

10）其他管道或线路的铺设作业。

11）海底化学物，有毒元素和重金属污染。

7.3.2 海缆路径选择原则

海底电缆路径的选择应以安全可靠、技术可行、经济合理（线路短，拐点少）、对海洋环境影响小、能保持海洋环境可持续发展为原则，海缆路由宜选择在海床稳定、流速较缓、无海底岩礁或沉船等障碍、少有沉轴和拖网渔船活动的水域。

经过地理地质初步调查，选择初定的海缆路由应尽量避免经过有危险的区域，如航道、抛锚区、海港入口，渔场，大块圆石场、海底裸露岩石、海底峡谷和陡坡，船舶残骸、弹药倾倒场、碎片废弃物，以及强水流区等。

1）若航道内航运繁忙，会限制海缆安装作业，应避免电缆路由经过繁忙的航道，另外繁忙航道处在船舶航行时，锚害风险还会比较高，如必须交叉通过航道区，最好直角交叉通过以减少干扰。

2）渔场作业会直接危害海缆的安全运行，不仅是捕鱼网，还包含辅助机器设备，如停泊处设备都会危害海缆，此外海缆路径还应避让自然保护区、军事设施、海底矿产等，总体来说较经济的选择仍是使海缆路径尽量绕开危险区域，而非对海缆作高度保护提升成本。

3）海缆路由应综合考虑自然环境及工程地质概况，包括海洋水文、海洋气象、海底地形、地貌、地质、海底稳定性等因素，为保障海缆施工及后期运行维护安全，海缆路径选择应选择水动力弱的海域，避开流速或海浪较大的海域或河道的入海口。在满足曲折系数小的情况下，海缆路径应尽量避免跨域山脊、山谷和海沟，选择海底地形平缓的海域及砂质或者泥质的稳定海床。如图 7－21 所示为挪威海底电缆工程路径规划图，海缆路由（直线）包含多处跨越海底的山脊和山谷，有造成自由悬挂的危险，经详细路由勘测后，海缆路径选择沿曲线敷设于海底高地中间谷底，绕过山谷和沟壑，避免了海缆的强烈起伏。另外，海缆路径选择还需符合现有海洋开发利用活动及海洋开发利用规划。

图 7－21　挪威某海底电缆工程路径选择示意图

4）海缆路径规划还应尽量避让隐藏于水中甚至海底的障碍物，包括船舶残骸、废弃汽车和卡车、报废集装箱、废弃的建筑材料、海底装置、军事装备、堆放垃圾、进出水管材等。

5）平行敷设的海缆严禁交叉、重叠，但大多数情况下，海缆和管线交叉不可避免，此时应选择合适的远离海岸的交叉点。相邻的电缆间距不宜小于水深的 2 倍，路由受限制区域不宜小于水深的 1.2 倍，登陆段间距可适当缩小，海缆与工业管道之间的水平距离不宜小于 50m，条件受限制时，不得小于 15m。

总之，海缆路径的选择十分复杂，路由评价与选择应综合分析工程可行性、投资合理性和使用海域科学性，根据路由调查成果，分析有利于限制因素，综合路由长度、施工、运行和维修方便等因素，统筹兼顾，做到经济合理、安全适用。海缆路径选择时应对多种路由方案进行技术经济比较，选择其中技术经济合理的方案。海缆路径规划流程应包含路由初选、桌面论证、路由勘察、风险评估、环境评估、审查批准等阶段。

7.3.3 海缆登陆点选择

海缆登陆点是海缆上岸后的关键位置，登陆点选择需慎重考虑，主要考虑如下因素：

（1）登陆点海缆入口。

1）需考虑一些会影响特定线路铺设的因素，当登陆海滨有较长距离的浅水区域时，部分水下安装工艺和技术可能无法使用。

2）海上施工船必须航行的距离及水深。

3）施工船舶为避开恶劣天气驶到港口的距离。

4）海底电缆的尺寸和长度，海缆登陆段通道的宽度。

（2）风暴潮。风暴的波动作用会导致海滩腐蚀或堆积，影响终端站的安全。

（3）海滩环境。

1）登陆段斜坡和稳定性。峭的斜坡会使得敷设线路较为困难。

2）海滩结构。过度挖掘会使得在海滩上铺设电缆变得更加困难，这时就需要电缆保护装置或采用其他的保护方法。

（4）线路长度。综合考虑海缆线路长度，选择至终端站较近的岸滩登陆。

（5）终端站。终端站是海底电缆的最终点，与陆地电缆/架空线的转接点。登陆点选择需综合考虑终端站的接地情况、终端站的电力供应、沉积作用，征地可行性及成本、自然保护区及环保要求、未来规划等。

综合上述因素，海底电缆登陆点宜选择在海岸稳定、不易被冲刷的区域，不宜选择在码头、渡口、水工构筑物、疏浚挖泥区、防波堤、海港入口、海滩保护区等附近，避免人为的干扰，同时应考虑未来近岸区的发展规划。

第 8 章

海风柔性直流输电工程施工方法

海上风电有着良好的应用前景，但其存在施工周期长、施工难度大以及投资成本高等不足，尤其是深远海风电工程，随着施工区域水深的增加，海上换流站的建设难度也大增，导致成本大幅攀升。

8.1　内容及要求

8.1.1　施工组织及要求

海上风电施工应结合实际，因地制宜，统筹安排、综合平衡，充分利用陆上建设条件组织施工，整合作业工序，减少海上施工作业。海上施工前，需办理海上施工专项许可证书，在海洋渔业厅办理海域使用证书，海底管道施工许可证书等相关施工手续，确保海上工程合法，有效，还需要得到施工区域港务，航道，渔政等相关部门的配合。

在进行海上施工组织需要准备表8－1中主要材料。

表8－1　　施工组织相关要求

序号	海风柔直工程施工组织设计所需主要支撑材料
1	工程所在地区有关基本建设的法律法规、工程项目的特点与需求
2	国土、海域、交通、通信、电力、水利、环保、旅游、安全生产、渔业等部门对工程建设的有关要求及批件
3	工程所在地区自然条件、施工电源、通信、水源及水质、渔业、交通、环保、旅游、防潮、防洪等现状情况
4	与工程相关的现场工艺、方法、试验或生产性试验成果
5	勘测、设计各专业有关成果
6	海洋水文、气象、地质条件、建筑物布置特点、周边海域光缆、电缆、管道、航道及渔汛期等资料
7	海上风电设备特征参数、原材料物资信息、海上建筑设施基础特征信息

8.1.2　施工内容

海上风电柔直送出工程施工作业主要涵盖陆上与海上两个部分，具有协调难度大、涉及范围广等特点，需要对施工作业面进行合理布置，以保证施工效率。陆上施工作业主要包含海上换流站基础建造、上部组块建造以及海缆制造。海上施工作业一般为海上换流站基础施工及上部组块安装、海缆敷设施工等。

8.1.2.1 海上换流站施工内容

海上换流站包含上部组块及下部基础结构两部分，上部组块的建造在陆上建造场地内完成，包含焊接、涂装、电气设备安装调试等工序，然后通过浮托或吊装法将上部组块安装至下部基础结构上，下部基础结构建造完成后托运至指定安装区域进行沉放施工。

8.1.2.2 海缆施工内容

海底电缆施工是一项大型而复杂的工程。涉及气象、水文、地质、交通、海缆特性、机具、工程管理及水下各种应急情况的处理，是考验设备、经验、管理的一项综合技术活动。海缆敷设安装过程可以分为前期准备、过缆作业、现场准备、始端登陆、海中段敷设、终端登陆、海缆保护、质量检查与验收以及环保措施等几个部分。

8.1.2.3 陆上换流站施工内容

陆上换流站施工与常规陆上柔直工程类似，但由于需接入海缆，因此根据不同的海缆接入方式需涉及进场电缆沟等相关施工内容。

8.2 施工技术

8.2.1 海上换流站上部组块建造

海上换流站上部组块在陆上工厂制作，完成焊接、涂装、电气设备安装调试等工序后运输至现场安装。整个上部组块在结构、建筑、暖通、电气设备安装等施工完成并调试结束后整体安装至下部基础上。

海上换流站上部组块钢结构制作一般采用分片预制、场地总装调试的方案，如图8－1为上部组块安装工艺流程图。

8.2.1.1 上部组块制造总工艺流程

上部组块分片预制、场地总装调试的方案，分为四个阶段：施工准备、构建制造、模块组装、总拼装。

上部组块制造和总装工艺流程如下：

1）钢板预处理及切割下料。

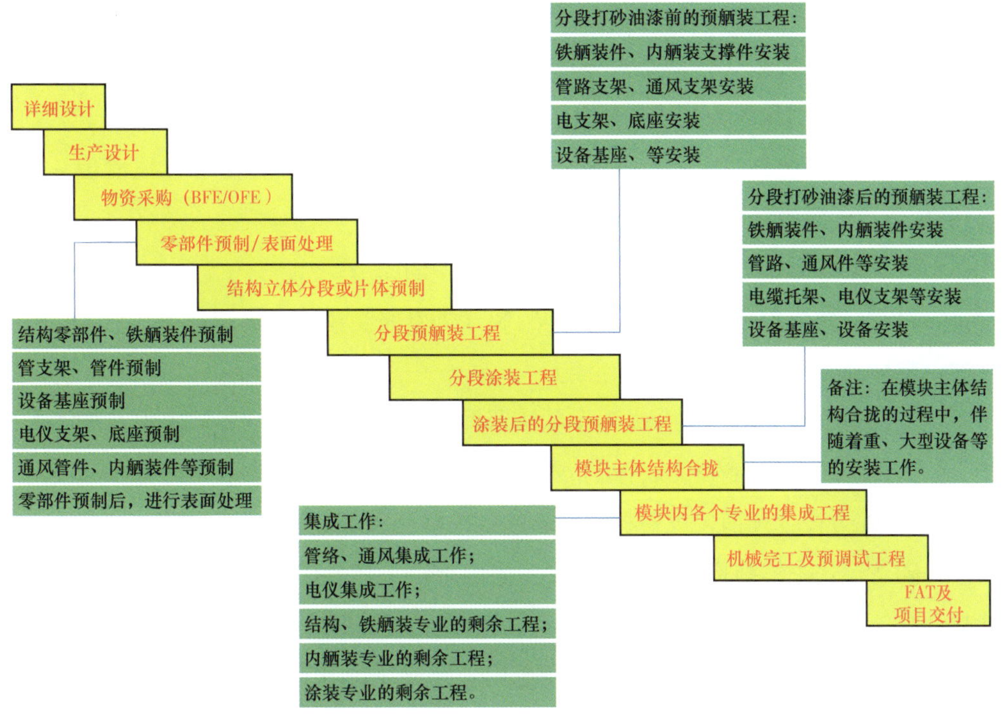

图 8－1　海上换流站上部组块安装工作流程图

2）构件制作。

3）甲板组装。

4）模块组装。

5）铁舾安装。

6）冲砂、涂装。

7）每层拼接。

8）大型设备安装。

9）结构总拼装搭载。

10）设备、工程安装。

11）设备、工程调试。

12）系统调试。

13）油漆补涂及最后一道面漆涂装。

14）准备发运。

海上换流站上部组块建造流程总体概述如下：

1）板材的预处理及下料、坡口等；

2）进行结构零部件、铁舾装件、管件及管支架、通风管及支架、电支架、设备底座、内舾装骨架等预制（包括卷管等），及必要的表面处理工作；

3）进行结构的片体分段或立体分段的预制，完成分段在打砂油漆之前的必要的预舾装工程如：铁舾装件、管支架、电支架、设备基座等安装工程尽可能地清理热工工程，避免后续油漆破坏；

4）完工结构分段进入涂装车间进行“打砂＋油漆”；

5）进行结构分段在完成涂装后的预舾装（如管路、风管、电缆托架、设备、绝缘等在此阶段完成安装）；

6）进行模块总体结构的合拢工程（按照甲板层次“由下至上”“由内及外”的顺序进行结构合拢），伴随着相关管路、风管、设备、电仪工程、舾装件等安装工作穿插进行（注意在分段合拢前，设备材料能进舱室的要全部吊运进舱室房间）。

7）随着模块主体结构合拢工程的逐步向前推进，将形成舱室、房间等，然后开始按照区域、房间完成热工工程的清理工作，依次安排油漆修补及油漆终检工作；

8）当舱室、房间的油漆终检工作完成后，完成在绝缘板之内未完成的部分管路、风管、电缆、电气件等安装、机械完工工作，然后按区域、舱室、房间进行绝缘、内装工程（舱壁、天花板、地板等绝缘工作）；

9）在模块主体结构合拢过程中及合拢完成后，综合地组织安排好各个专业的集成工作（结构的层与层之间、系统与设备之间、设备与设备之间等等的管路、风管、电缆、舾装工程等工程完工）；

10）清理完成整个模块的各个专业的剩余工程；

11）按照专业组织完成好“机械完工报检”工作；

12）按照项目要求组织完成预调试工作；

13）完成模块在工厂内的最终检验工作（FAT），进行模块称重，对设备、阀门、仪器仪表等等进行必要的保护工作；

14）模块上船、绑扎固定及海上运输；

15）完成模块海上安装及海上调试工程，完工文件移交及项目交付。

8.2.1.2　分片预制

根据海上换流站上部组块总体尺寸和结构特点，同时结合建造场地资源（喷砂车间、油漆车间的主尺寸）情况等，对上部组块进行适当的分片划分。上部组块采用分片预制、空间组对建造方法。

上部组块分为多个水平分片进行预制，预制完成后按照空间顺序组对。水平片预制时，根据现场需要，尽可能地焊接上电缆支架、舾装预埋件等结构。

组队顺序一般采用由内到外的原则。为了减小焊接变形，应采用对称焊接。次梁焊接时，对称焊接应由内到外焊。

8.2.1.3 场地总装

分片预制各层主结构、甲板部分，然后按照空间顺序组队。水平片组装时，按需求设计临时立面支撑。场地总装按照甲板层次“由下至上”“由内及外”的顺序进行模块总体结构合拢，并伴随着相关管路、风管、设备、电仪工程、舾装件等安装工作穿插进行。

上部组块场地总装方案总体概述如下：

（1）场地清理、滑靴 DSF 预制摆放。

（2）底层立柱就位。

（3）各层甲板安装。

1）采用龙门吊进行一层甲板安装；

2）上部组块内各类设备安装，电气设备安装；

3）完善水平片上立柱、拉筋管结构，瓦楞板等附件安装；

4）安装工艺管线支架，电气设备支架。

（4）顶甲板安装。

1）采用龙门吊进行顶甲板安装；

2）安装泡沫消防间、吊机等设备；

3）完善检修孔屋盖等结构；

4）安装直升机甲板及甲板吊等。

（5）完成各专业的系统集成及完成剩余工程。

1）在上部组块主体结构合拢过程中及上部组块总体结构形成后，进行各个专业的系统集成工作，梳理并安排各专业的剩余工程。

2）集成工作：层与层之间、设备与设备之间、系统与设备之间等的管路、通风等安装工程。电气的托架安装、电缆拉放、接线等工程。

3）设备的安装及最终报检；电网设备安装、铁舾装件安装、内舾装、绝缘、油漆工程等剩余工程。

（6）绝缘工程、内舾装工程。在执行绝缘、内舾装工程过程中，相关联的专业工程有通风、管道、电气、仪器仪表、通信、安全、铁舾装、油漆等。需要有逻辑地综合协调各个专业，以提高现场绝缘、内舾装工程的施工效率。在绝缘板后面或天花板内部的设备、阀门、管路、风管、电缆等需要考虑检查、操作、维护等事宜。同时需要在壁板或天花板施工之前安装到位并完成相关实验。

（7）机械工程。按系统或按区域完成各个专业的机械工程，以及整个上部组块最终的油漆修补工程和格栅安装工程。

（8）预调试、上部组块保护。完成相关设备、系统的预调试工程，对相关设备、阀门、仪器仪表、门窗进行保护。

（9）上部组块称重。换流站上部组块完成全部制造和设备安装调试后，实施对上部组块的整体称重。上部组块分段建造合拢示意图见图 8－2。

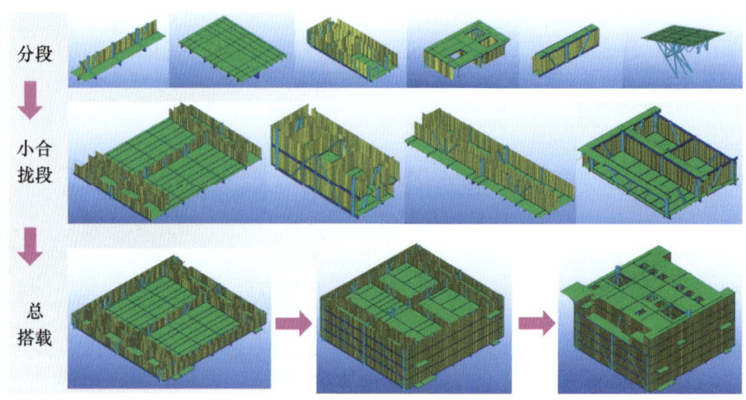

图 8－2　上部组块分段建造合拢示意图

8.2.1.4　厂内试验

上部组块完成建造后需要进行建造检验工作，主要包括结构强度校验、焊接工艺、称重等工作。

（1）焊接检验：检验内容包括根部叠珠焊缝的质量、双面焊时节点根部的准备、预热和层间温度的控制、焊道的顺序、多层焊时每层的表面焊接质量及焊接前电压、电流热量输入、速度等内容。焊接完成后，检验人员应对最终的焊缝外观、焊缝尺寸、焊缝长度、尺寸精确度及后热处理情况等进行检查。焊缝检验中，主要的焊缝缺陷有气孔、未熔合、未焊透、咬边、焊瘤、裂纹、夹渣、焊缝过厚等。焊缝的无损探伤检验是保证焊接质量的重要手段。无损探伤的方法很多，主要采用射线、超声波、磁粉和渗透方法。对于无损探伤的范围与采用的方法参考《海上固定平台入级与建造规范》相关规定。

（2）舾装安装检验：根据设计图纸的要求对舾装板安装的上下吊挂件、支撑件、固定保稳钉、门框及门楣等进行安装后的验收。检查防火和保温绝缘层材料安装的结

构与部位等是否符合设计的相关要求，对于双层绝缘材料的接口部位要避免重合，错开量的要求满足规格书及图纸要求，检查保温绝缘层的延长带长度是否满足设计图纸要求。

（3）设备安装、调试：设备主要包括通风空调系统；给、排水系统；消防灭火系统；附属设备，应对上述设备进行设备安装检验、设备效能试验。

8.2.1.5　建造重量控制

平台的重量是贯穿于整个海洋工程开发的一条纽带，平台的开发方案、规模、施工资源、投资费用等均与其密切相关。随着海上风电的发展，海上风电平台上部组块的安装重量和尺寸逐渐增大，只有做好重量控制工作才能推进工程项目顺利进行；与此同时，重量控制可有效管控结构用钢量，节省海上换流站平台建设成本。

重量控制的目标是在设计和建造过程中的平台组块重量、重心均在设计要求范围之内。建造阶段的重量控制可以有效弥补设计阶段的局限性，对于组块重量控制的成功执行有着重要的意义。该阶段的重控工作通常由加工设计方执行，包括以下工作内容：

（1）设计与采办一致性检查。设计与采办一致性检查是指建造方对加工设计图纸、料单以及厂家资料和重控报告进行比对、整理，并建立数据模型，对整体重量进行模拟，以人工校核和计算机自动生成的模式对重量的变化进行监控和控制。

（2）设计与现场一致性检查。各种设备到达建造场地后，建造方参与设备验货，核实到货重量与详设重量控制报告的重量是否一致，建立设备重量跟踪表格；重大设备安装之前核实安装位置与设计总图的一致性，确保重心不向不利的方向偏移；组块每层甲板片合拢之前，加设方前往现场核实甲板片吊重与设计重量是否一致；对次要的设备、管件、结构等构件用料情况进行现场抽查，确保所使用的材料与详设材料的壁厚、板厚、用量、重量等满足要求；

严格控制材料与管线的替代，防止由于以大代小等原因造成的重量增加；所有现场记录结果与详设重控报告进行对比，根据更新的重量、重心数据，编写加设版重控报告。

实际项目中，建造进度滞后或者设备到货不及时都可能影响结构物出海的完整性，需要根据项目实际情况修正和完善结构物的重量、重心。

（3）出海前清理及称重。组块建造完成后，出海前各专业进行大检查，将放在平台上以备海上调试使用的管线、钢材、架子管、电缆等设备材料进行清理，确保重量在可控范围内；对组块进行称重，并将称重报告结果告知安装公司及设计公司，对海上安装吊装方案重新计算并结合起吊船舶的能力进行最终验算。组块建造过程中的重量控制流程如图 8－3 所示。

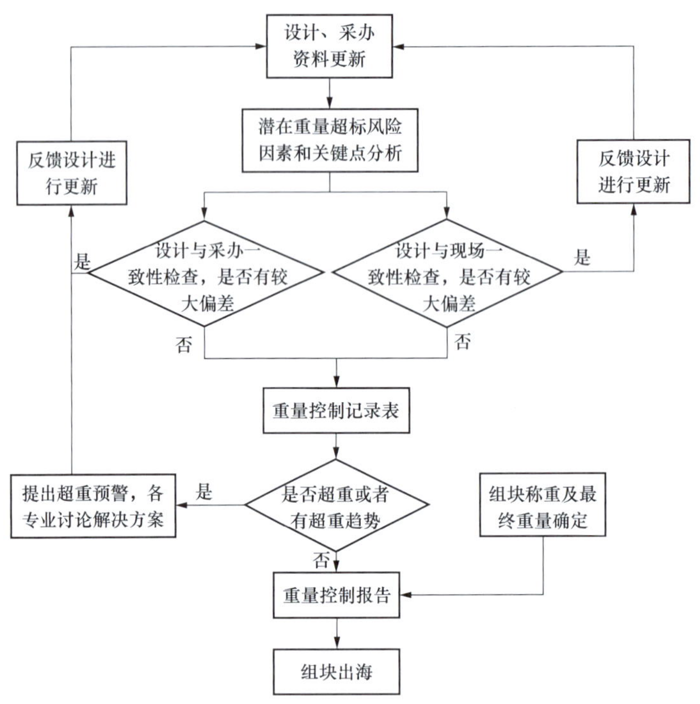

图 8－3　组块建造过程中的重量控制流程图

重量控制是一项系统性的工作，它贯穿于设计、建造等完整的工作流程中。重量控制不仅是需要估算或计算上部组块重量、重心，更重要的是以目标重量为核心的设计、建造、施工的方案优化与过程管理。重量控制能够促进设计、建造过程的精细化，具体化，通过有效的重量控制，使设计、建造的方案及过程更具有可跟踪性与可控性。重量控制的目标实现，有利于整个工程项目实现量化的跟踪与控制，为工程项目的顺利实施提供良好的保障。

8.2.1.6　精确称重系统

上部组块重心和重量分布是海上安装的重要控制参数，也对浮托施工起着决定性作用，在建造过程中虽然通过一系列措施对重量进行严格控制，但是因设备、施工误差导致组块重量和重心存在一定偏差，确定上部组块的精确重量和重心是通过一套称重系统完成。

（1）工作原理。重心的测量和称重技术利用液压千斤顶将平台同步顶升一定的距离，让平台完全脱离支撑结构，此时平台的全部重量由千斤顶支撑。数据采集系统采

集压力数据和相关点坐标，利用软件计算重心坐标和重量。精准称重系统工作原理图见图 8 –4。

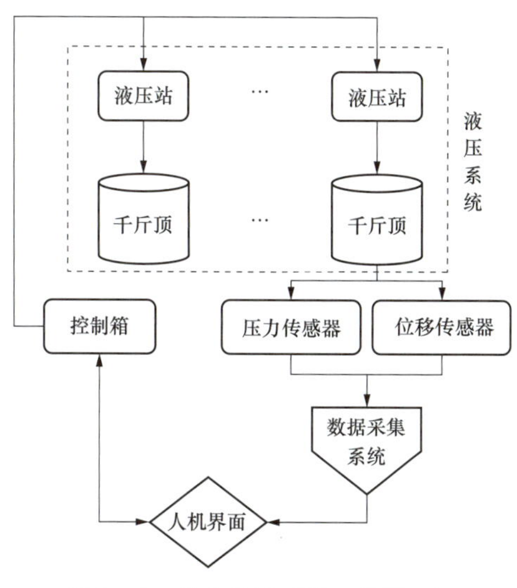

图 8 –4　精准称重系统工作原理图

(2) 系统组成。精确称重系统由控制系统、液压系统、传感器系统等三大部分组成，其硬件由泵站、千斤顶及配套液压装置组成，称重传感器及位移传感器集成于集装箱，可以适应长途运输，目前最大的称重系统能对 4 万 t 级别的大型结构进行称重。

1）控制系统。控制系统由计算机、可编程逻辑控制器（PLC）系统、控制单元模块、测量系统等组成。PLC 系统建立每个称重点的逻辑关系，包括物理连接、坐标系统等信息，控制系统硬件设备的动作信息被采集发送给 PLC 系统进行计算，PLC 系统再送发命令控制设备动作，同时将用户关心的重要设备信息显示在计算机屏幕上，采用现场总线网络控制技术将现场巡检仪连接在一起，对所有千斤顶的受力、位移和不均匀性信号进行信号和数据流的传输和管理。称重全过程（同步上升、调平、称重和同步下降）通过 PLC 系统对各个单元的对应电磁阀进行具体控制，PLC 系统的监测部分能够实现电控系统故障自诊断。控制单元模块执行 PLC 系统的命令，控制液压油的开关及流速。测量系统的位移传感器用于监测称重对象上升或下降的位移，测量系统将质量信号转变为电信号输出，称重传感器规避了传统的千斤顶内置式压力传感器受千斤顶液压不稳定的影响。

2）液压系统。称重过程涉及同步上升、保压、称重、同步下降等过程，须对上百个大吨位的千斤顶进行位移同步控制，同时兼顾压力的均衡性。称重过程所有动作均由液压系统完成，除了大功率液压泵站和400t级的液压千斤顶外，液压系统还配备高精度调节阀、背压阀和具有压力补偿的调节装置，用于解决系统同步性和安全性问题。精确称重系统液压网络群控方案见下图。控制系统正常工作时，通过电磁阀控制油路；当控制系统出现异常时，采用液压手动阀进行系统控制。精确称重系统液压网络群控方案见图8－5。

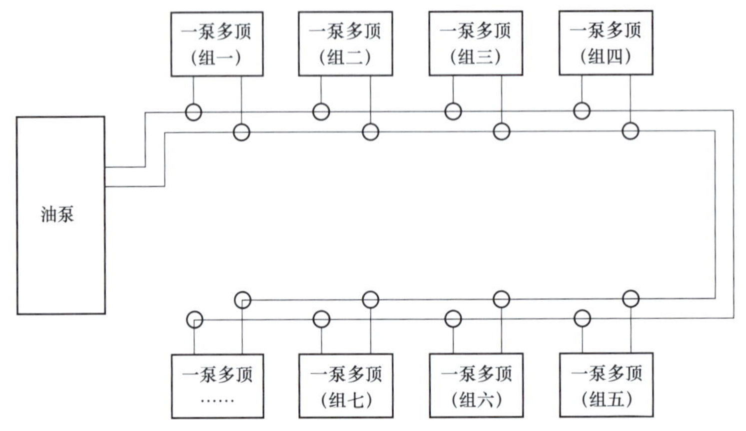

图8－5　精确称重系统液压网络群控方案

实际称重过程中，大量液压软管通过快速接头进行连接，由于现场工况复杂，可能会发生快速接头脱落和软管爆裂等异常故障。为此，液压系统液控单向阀与千斤顶之间采用硬连接执行液压锁定，当进出软管或接头出现问题时，系统能够自动锁定，不会突然下落造成结构和设备损坏。当液压系统出现超压时，通过系统的溢流阀进行压力溢流控制，保证系统在可控的压力范围内。

3）传感器系统。传感器系统的所有信号通过PLC网络传入计算机，在称重的各个阶段系统对力信号、位移信号进行报警设定，并进行处理和停机等一系列动作。称重传感器将质量信号转变为可测量的电信号，系统的测量精度在很大程度上取决于传感器的精度。要提高整个称重系统精度，首先要选用高精度、高品质的称重传感器，即非线性误差、重复性误差、滞后误差越小越好。在千斤顶上增加重量传感器可以进一步提高测量精度，同时避免千斤顶内部内壁摩擦等因素的影响。位移传感器采用拉线式位移传感器，在顶升过程中测量千斤顶的位移值，控制系统实时把握各千斤顶的运动状态。

8.2.1.7　称重及重量转移

组块称重和重量转移首先通过支撑立柱将平台转移至千斤顶上，完成称重之后，

再通过千斤顶将组块卸载到（平台装船框架）DSF 上，称重及重量转移主要施工步骤如下。

（1）检查主立柱连接处的筋板、拉筋支撑全部焊接完毕，检验合格。

（2）脚手架拆除修改完毕。

（3）安装千斤顶、操作站、连接电路油路，调试称重设备。

（4）安装千斤顶垫板及进行螺栓固定。利用脚手架在重量转移的立柱附近搭设滑移框架，安装千斤顶垫板并用螺栓固定。

（5）组块试称重及进行第二次临时支撑拆除。

设备单体调试完成、系统切换到自动状态，分别进行初始化、预顶升、同步顶升、调平、称重和同步下降工作。

对组块进行试称重，称重设备将组块顶起。读取组块重量数据，对称重系统检查，测量每根立柱的沉降，找出称重过程存在的问题，为正式称重和重量转移积累数据，试称重 3 次。试称重完成后，将组块下放至临时垫板上。

（6）组块称重。根据项目需求，对上部组块进行称重作业，称重三次，称重时不进行重量转移。称重按照如下步骤进行。

（7）重量转移。

1）称重完毕之后，对整个结构进行一次完成的检查，尤其是组块立柱与接长立柱的筋板拉筋进行检查，并根据设计图纸进行一次复检，确保无任何安全隐患。

2）称重设备将组块顶起，期间实时测量监控组块底部水平度和地基沉降，如果地基沉降或者组块变形超过限定值则暂停施工，分析风险和对策后决定是否继续施工。

3）称重设备将组块顶起后，将组块下放至 DSF，切割组块与立柱连接处的筋板、拉筋，千斤顶回落，使重量转移装置与组块彻底分开，并将千斤顶拆除，完成组块从称重设备到 DSF 的转移。

8.2.2　海上换流站上部组块运输及安装技术

海上运输安装条件复杂，换流站组块为大尺寸、超重量的构件，运输过程中受天气、海况等影响较大，船身可能出现横倾晃动的危险，因此需要根据换流站尺寸与重量等条件，统筹规划生产基地，选择有利的天气时机，并对运输船舶增加临时辅助固定装置，降低运输过程中的风险，增加运输过程中的可靠性，组块称重流程图见图 8－6。

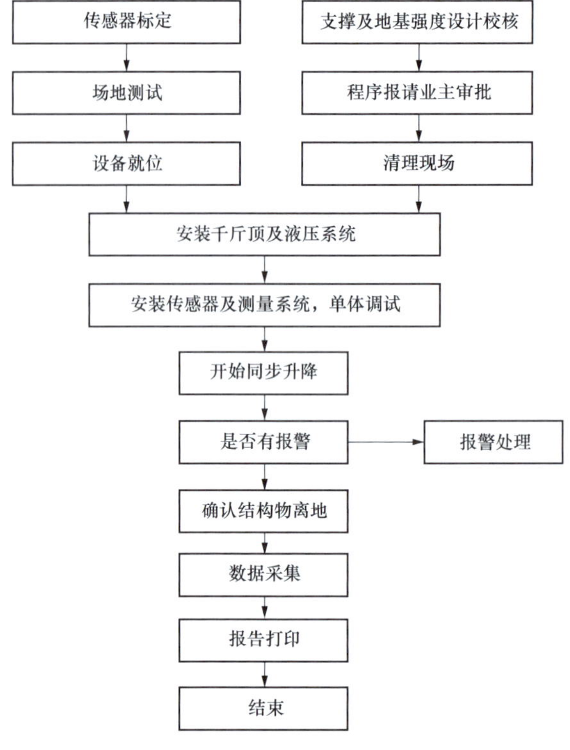

图 8－6　组块称重流程图

8.2.2.1　吊装法技术

吊装法是利用浮吊船将上部组块直接安装到固定支撑结构（导管架）上的方法。主要针对重量较小的海上升压站施工。一般包括设备选型、浮吊船就位、运输船就位及靠泊、安装吊索具、起升上部组块、上部组块就位、浮吊船撤离、上部组块与导管架连接面的焊接、后续沉降观测。

（1）设备选型。采用吊装法进行上部组块安装时，首先需要选用合适的浮吊船与运输船，采用并行侧靠就位。上部组块安装索具选用及连接方式为：浮吊船两个主钩的每个钩各挂 2 根柔性高强度环型吊带，该 2 根吊带竖向夹角不大 20°，吊带与主吊耳之间使用卸扣连接。在选择设备时，对浮吊船能力、吊高及作业间隙、撑杆强度进行校核。

（2）浮吊船就位。浮吊船在风场内自航至施工海域，在 GPS 测量定位系统指引下，沿航线抵近升压站基础导管架安装区域。浮吊船通过自航能力，通过抛锚稳定姿态缓慢靠近导管架，抛锚艇辅助抛下其他锚。抛锚固定后，浮吊船通过绞锚进一步靠近导管架，最终到达吊装设计位置，完成就位，等待运输船靠泊就位。

（3）运输船就位及靠泊。待浮吊船就位完成后，运输船在拖轮辅助下，进场就位。

运输船依靠自航能力抛首部左舷一只锚，锚艇协助抛设尾部左舷一只锚，成“八”字状，之后在拖轮协助下靠近浮吊船左舷与浮吊船吊船并排就位。运输船就位后，浮吊船与运输船之间通过缆绳系泊固定，并通过绞锚调整两船位置和浮态至满足起升定位和姿态要求。

（4）安装吊索具。浮吊船和运输船完成靠泊就位后，临时启动升压站柴油发电机，启动升压站吊机，将吊臂旋转移开到适当的位置，避免与浮吊船主钩挂绳作业干涉。待吊装结束脱钩后再恢复吊臂至原存放位置。浮吊主钩缓慢下落，待接升压站顶部时，升压站顶部挂钩人员控制钩头横向晃动（高位时通过缆风绳控制），钩头继续下落，依靠钩头自重下压挂吊带用辅助工装的葫芦拉索，使工装支架向内翻转至吊带处于钩头上方，释放转杆拉索，吊带滑落挂入主钩。

（5）起升上部组块。上部组块起升作业如下：

1）浮吊船完成全部主钩挂绳及相关准备工作后，适当起升主钩，观察吊索具状态，调整主钩尽可能精确位于上部组块正上方，满足起升要求。

2）待两船相对稳定后浮吊船主钩缓慢起升。

3）气割作业人员解除上部组块绑扎工装。

4）绑扎工装完全解除后，浮吊船分级加载起升主钩至完全吊起上部组块，期间浮吊船和运输船视情况进行必要的调载。

（6）上部组块就位。浮吊船旋转吊臂初步到位后，待上部组块静止后，通过绞锚移动、微调压载、微调大臂、单钩调节等多重措施综合进行调整，将上部组块各主腿插尖与导管架主腿顶部对齐。上部组块吊放后，检测上部组块水平度是否满足技术要求，若不满足，则自重船再次稍微提升主钩，通过对接缝加垫片的方法进行调整（主钩仍带力），最终完成就位后，进行焊接固定。

（7）浮吊船撤离。上部组块就位完成后（必要时初步焊接固定），将各索具依次从上部组块各吊耳上摘除，将升压站顶部的工装、工具、设备随吊索具一并吊离上部组块。浮吊船绞锚撤至安全区域，由锚艇起锚，最后拖轮拖带完成撤离。

（8）上部组块与导管架连接面的焊接。对连接面焊缝剖口状态进行检查，做好处理和准备工作，经监理确认后可开始连续焊接，直至焊接完成和检验合格。

（9）后续沉降观测。上部组块安装结束后一段时间内，应使用水准仪对升压站整体沉降进行定期观测记录，如发现沉降趋势持续扩大或总体沉降超出技术要求，应及时通报监理及有关单位，及时采取措施加以解决。

8.2.2.2 浮托法技术

浮托法是一种使用驳船整体把组块安装到固定支撑结构（导管架）上的方法。一般包括组块装船、拖航、待机、进退船和对接。浮托安装中使用的设备包括驳船、锚泊系统、纵向缆系统、护舷、对接装置（LMU）、支撑装置（DSU）、沙箱和拖航临时支撑等。

(1) 安装设计流程。海上换流站的浮托安装设计主要包括装船、拖航、待机、进船、对接和退船，并根据设计方案给出对组块、导管架、安装船、安装设备的详细设计要求和安装方法、步骤等。浮托安装示意图见图8-7。船舶进船阶段示意图见图8-8。载荷转移阶段示意图见图8-9。退船阶段示意图见图8-10。

1）装船：在上部组块建造场地码头完成上部组块装船。

2）拖航：使用安装驳船把上组块由装船码头拖运至浮托待机位置。

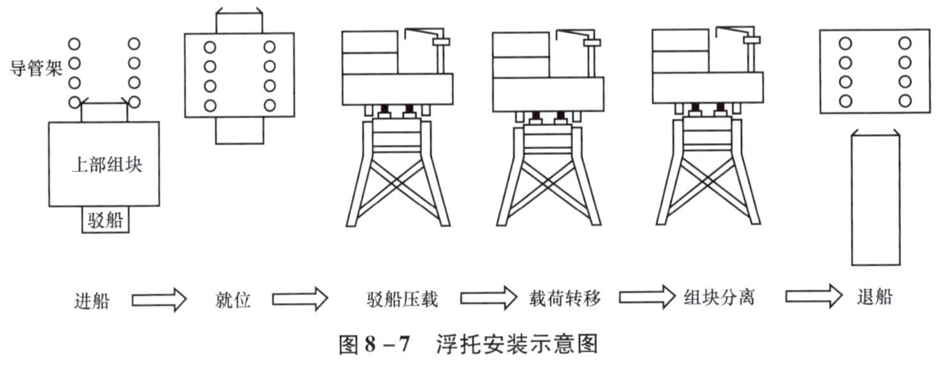

图8-7　浮托安装示意图

图8-8　船舶进船阶段示意图

图 8－9　载荷转移阶段示意图

图 8－10　退船阶段示意图

3）待机：驳船运载组块在与导管架有一定的安全距离的位置进行施工等待。

4）进船：在许用环境条件下开始操作驳船向导管架靠近，根据环境条件和驳船和导管架的相对位置进行判断，满足条件后，驳船进入导管架槽口，直至对接就位。

5）对接：到达对接就位状态后，开始根据潮汐和驳船压载下放组块，最终完成所有重量转移。

预对接阶段：上部组块插尖与 LMU 接收器顶端间距逐渐减小至两者平齐的过程，此过程中上部组块的重量完全由 DSU 承载。

荷载转移第 1 阶段：上部组块插尖从 LMU 接收器顶端逐渐下移至 LMU 接收器底端的过程，此过程中上部组块的重量开始转移至导管架桩腿上。

荷载转移第 2 阶段：LMU 冲程未压缩至 LMU 冲程完全压缩的过程，此过程中上部组块的重量由 LMU 和 DSU 共同承担。

荷载转移第 3 阶段：DSU 冲程由完全压缩至完全放开的过程，此过程中上部组块位置基本保持不变，其重量主要由 LMU 承担。

荷载转移第 4 阶段：上部组块支撑点与 DSU 接收器由完全接触至两者平齐的过程，此过程上部组块位置基本保持不变，其重量主要由 LMU 承担。

退船阶段：上部组块支撑点与 DSU 接收器顶端平齐至间隔一定距离的过程，此过程上部组块位置基本不变，其重量主要由 LMU 承担。

6）退船：组块完成重量转移后，驳船继续分离直至退出导管架槽口。

浮托法安装需特别注意几个关键问题：

1）浮托法安装需有效限制安装船的横向和纵向运动以确保支撑件和上部组块之间相对运动较小。

2）导管架侧向冲击载荷不得超过导管架和护舷的极限载荷。

3）支撑件上的垂向冲击载荷不得超过支撑件和上部组块支撑点的设计极限载荷。

当支撑件和上部组块的间距增加到允许值以后，安装船便可以从导管架槽中退出。在这一阶段中仍需要满足以下操作要求：

1）导管架腿上的侧向冲击载荷不得超过导管架和护舷的设计极限载荷。

2）支撑件和上部组块之间不允许有垂向冲击载荷。

3）控制安装船横向运动以及方位角。

4）安装船底部和导管架安装槽底部横管必须保持一定间距。

5）安装船必须有足够的干舷。

（2）浮托法安装关键装置。如何实现安装船顺利进入导管架并安全地实现载荷转

移是浮托法海上安装作业的关键，由于外界环境对浮托法海上安装作业影响较大，因此浮托安装过程中，需要一些特定的设备与装置来完成海上安装。

1）安装船。上部组块装船后，浮托安装船把上部组块运输到指定海域，并通过调节压载系统，将上部组块安装到固定式结构或浮式结构上。影响海上运输船舶选择的因素很多，综合考虑船舶的吃水限制、宽度限制、载重量限制、平台运输中的驳船稳性及上部大型组块的重量、重心位置等因素，如何选择安全、经济的安装船是浮托法顺利实施的关键。

2）甲板支撑装置。甲板支撑装置（deck support unit，DSU）也称为组块支撑装置，位于组块和滑靴中间，主要有两个作用：在组块陆地预制和装船运输过程中起支撑组块重量的作用；在浮托安装过程中缓冲驳船与组块分离时的冲击作用。DSU 结构图见图 8 – 11。

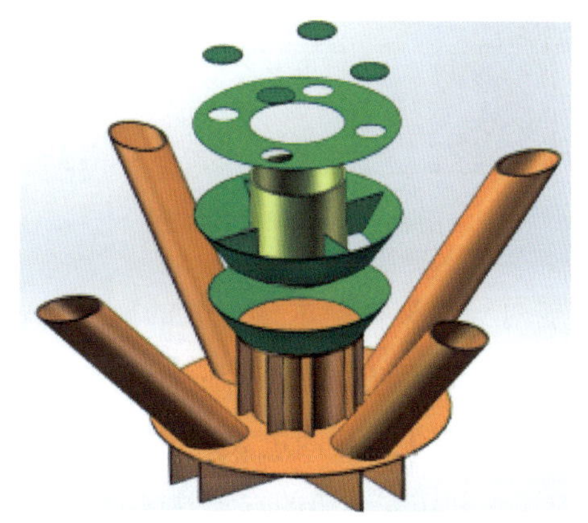

图 8 – 11 DSU 结构图

3）桩腿对接耦合装置。桩腿对接耦合装置（leg mating unit，LMU）也称为桩腿对接装置（见图 8 – 12），是一种组块立柱和导管架钢桩的对接装置，其底部与导管架腿相连，上部与组块立柱相连，是浮托安装承上启下的关键部件。LMU 是浮托安装中非常关键的缓冲装置，当浮托安装完成后，LMU 成为导管架腿的一部分，起到支撑组块重量的作用。LMU 在浮托安装中起着非常重要的作用，主要表现在以下几方面：

一是在组块重量由 DSU 向 LMU 转移的过程中起到缓冲作用，这是通过 LMU 套筒内部装置来完成的；

二是组块立柱与 LMU 的自动对中，这是通过 LMU 的盘形接收器实现的。

4）护舷系统。浮托法的护舷系统（fenders）由横荡护舷子系统和纵荡护舷子系统组成。横荡护舷系统主要用来限制安装船在进退船的过程中与导管架之间的横向运动，

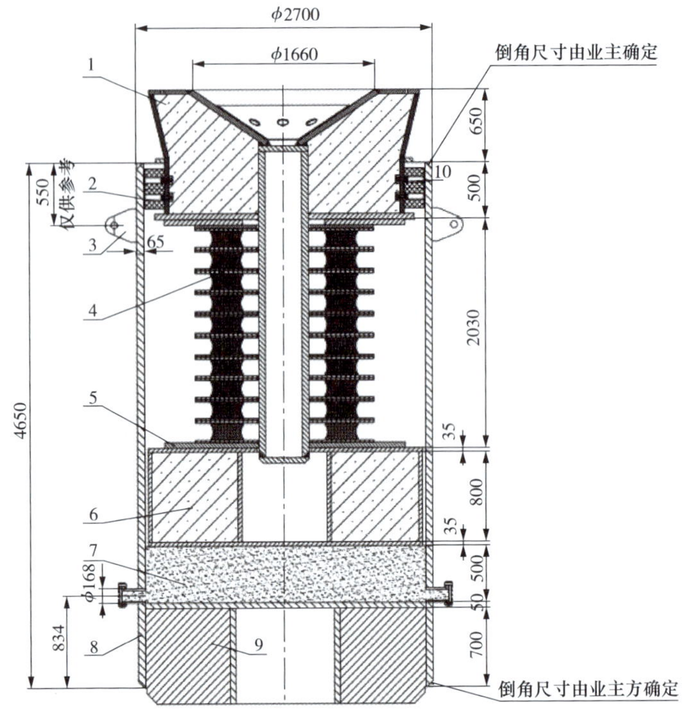

图 8－12　LMU 结构图

防止安装作业过程中安装船对导管架桩腿内侧过大的碰撞，以免造成桩腿的损坏和变形。纵荡护舷在安装过程中主要起两方面的作用：一是在安装驳船进入导管架槽口时起限位止船作用；二是在安装过程中防止因过大的纵荡对 LMU 的碰撞而造成损坏。

5）快速压载系统。浮托法利用安装船的吃水差或潮差来进行上部组块的码头装船和现场安装。在潮差较小或不可利用潮差的海域进行装船或安装时，要用到快速压载系统（rapid ballast system）。通过快速调节驳船的压载系统，利用外接水泵或海水阀箱向驳船压载舱内排/注水，使驳船升沉，从而实现上部组块重量由码头安全转移到运输驳船上或由运输驳船安全转移到基础结构（导管架）上。

6）停泊/定位及监测系统。在浅水处安装作业时，需要用到驳船甲板上的系泊系统（系泊绞车等）和辅助拖船等。这些辅助系统在驳船慢速靠近、最初进入、停泊和撤离等安装过程中，起着非常重要的作用。在深水处进行浮托安装时，只用到拖船系统和软线定位绞车（soft line positioning winching system）。软线定位绞车主要的功能是限制纵荡和横荡的偏移量。如果在浮托安装中用到动力定位驳船，定位绞车就可以不用。另外，驳船上须安装定位监测系统，用于监测浮托安装、撤离过程中驳船和下层基础的相对运动。

8.2.2.3　超大型运输驳船稳定性分析技术

驳船通常来说自身不设置动力装置或只设简单的推进装置，依赖外在的拖船进行运输的平底船。其特点为设备简单、吃水浅、载货量大。海洋工程领域驳船主要任务是海上工程中的施工和工件物品的运输，尤其是海洋平台的海上运输和安装。对于海上换流站平台海上运输安装需要根据上部组块的重量和尺寸选择合适的驳船，并在装船、运输、安装过程中对驳船稳定性进行分析。

（1）驳船的选择。上部组块在滑移上船、海上运输以及组块安装过程中，驳船需要不断地调节压载水，在这些过程中需要实时考虑和监看驳船的浮态、稳性以及驳船的强度。因此，需要根据上述因素来选择确定驳船。选择驳船首先要考虑其稳定性，良好的稳定性是上部模块成功安装的前提。海洋环境复杂多变，常常会有意想不到的海况发生，因此，一旦遇到极端海况，要保障人员和平台结构的安全是前提。根据规范要求驳船六个自由度的运动在一定范围内不会对安装过程产生影响。如若选择太大的驳船进行改装势必带来不必要的资源浪费，选择太小的驳船可能带来极大的风险，因此对于驳船的选择要进行周到的考量。

（2）驳船装船分析。在上部组块滑移上船的过程中需要对驳船的动态调载、系泊力以及上部组块装船拖拉力进行分析。

1）驳船的动态调载分析。在安装设计阶段，拖拉装船的调载计算是一个调载的可行性分析，分析在一定的时间范围内驳船调载是否能够满足潮汐和工程的需要。但是在施工过程中还需要根据现场的实际情况进行动态的调载模拟计算，先将拖拉装船的数据文件做好，在现场只需根据各个准确时间的潮位换算成驳船的吃水深度，适当调载命令文件中的驳船吃水和各个舱水量的变化，计算出每一步时驳船各个舱的水量的准确值，使驳船按照实际的计算进行调载。

2）驳船的系泊力分析。在码头滑移装船时，由于环境荷载的影响，需要对驳船的系泊缆进行校核。根据规范要求首先进行系泊力的计算。环境荷载考虑风和流的影响，分别算出对驳船上货物和船体的风和流的作用力，根据对船体运用力学平衡原理算出系泊缆所承受的力，再选用合适的缆绳。

3）上部组块装船拖拉力分析。上部模块装船时需要克服滑靴与滑道之间的摩擦力，因此拖拉力就是这个静摩擦力。根据滑靴与滑道所选用不同的材料，因此静摩擦系数也要视不同材料间的滑动摩擦而变化。在拖拉装船过程中，由于现场滑道不是完全平整和在装船过程中受拖拉力不均匀等因素的影响，需要对导管架的结构在装船状态下进行强度分析。需要考虑以下几种工况。所有滑靴都能承受力；考虑某一个滑靴可能与滑道不能紧密接触，也就是悬空的情况；考虑所有的滑靴都能承受力，滑靴结构在拖拉力的影响下的强度分析。拖拉力考虑为结构重量的20%；在一部分滑靴上船时，考虑船上滑道与码头滑道不平的情况。分别对驳船上滑道和码头滑道的高度差为±20mm的情况进行分析。

（3）驳船运输稳性分析。上部组块从建造场地到海上站址进行安装，需要用驳船将平台架运输到目的地。在这个运输过程中，装载上部组块的驳船在海上航行时，上部组块因为风浪导致驳船复杂运动而产生的惯性力和重力、风力及波浪飞溅力等作用，有滑移和倾覆的可能性。在驳船运动的六个自由度中，横摇、纵摇和垂荡运动所产生的惯性力效应相对较大，因此在计算运动惯性力时常常作为主要部分加以考虑。

（4）驳船安装稳定性分析。在上部组块安装过程中，根据规范要求，需要在进船、对接和退船三个阶段对驳船稳定性进行分析，确保驳船满足安装稳性要求。进船过程，在上部组块进入导管架期间，结构物插尖与导管架腿柱之间的最小垂直间隙必须大于等于1.0m。对接过程，在载荷转移期间，插尖的最大垂直、水平移动一般不应超过±0.5m，浮托作业期间驳船最大吃水时，船舶最小干舷应大于1.0m。退船过程，为允许驳船安全离开导管架，驳船的龙骨与水下主结构物任一部分之间的最小间隙必须大于等于1.0m，且载荷转移完成后，DSF与结构物底部之间的最小垂直间隙必须为0.5m，满足驳船安全移开。

8.2.3 海上换流站下部基础建造及施工

8.2.3.1 下部基础建造工艺流程

海上换流站下部基础一般采用导管架基础结构。导管架的结构形式是使用管状件组成桁架结构。导管架制造和总装一般安排在专业钢结构建造厂家基地进行建造，其工艺流程划分为三个阶段：施工准备、构建制造、立体总装。

施工准备包括材料采购、设计图纸、资料、规范熟悉、胎架制作、焊接工艺评定等；

结构制作包括数控下料、卷圆、焊接、复圆、单片装配焊接、转运、涂装等；

立体总装包括分段布置、安装横梁、补漆。

导管架制作与总装工艺流程如下：

1）材料预处理及下料。

2）卷圆。

3）导管架片结构装配。

4）分段焊接。

5）拼装除锈涂装。

6）导管架总拼。

7）焊缝检测。

8）补涂装。

8.2.3.2　下部基础施工

导管架分片建造，建造完成后采用滑移方式转移至半潜驳上，并绑扎固定，拖运到风电场指定安装区域。半潜驳拖运导管架抵达设计位置后，带缆至工程船附近就位，导管架解除绑扎，半潜驳通过自身压载舱压水下潜，当下潜到一定深度时，工程船起吊导管架离开半潜驳船就位，半潜驳船上浮并由拖轮拖回基地。在导管架运输至海上换流站位置后，首先开始进行导管架的沉放工序。为保证导管架安放水平，施工前，在辅助驳船上配冲喷设备、沙石料等，对海床实施扫海，垫砂整平，确保海床无障碍物及基本平整。

导管架沉放主要有如下两种方法，一种是导管架运输就位、滑移下水，随后拖至安装区域进行沉放就位（滑移下水）；另外一种是导管架通过半潜驳运输就位、压载下水，随后配合万吨级浮式起重船助浮沉放就位（半潜驳助浮吊）。

（1）导管架沉放。在导管架运输至海上换流站位置后，首先开始进行导管架的沉放工序。为保证导管架安放水平，施工前，在辅助驳船上配冲喷设备、沙石料等，对海床实施扫海，垫砂整平，确保海床无障碍物及基本平整。导管架下水主要有两种方式，滑移下水和半潜驳助浮吊。

1）滑移下水。海上换流站导管架基础与传统海油工程导管架基础相比，横向的尺寸要大很多，因此重心比较低，可以考虑站立滑移下水，这样可以省去扶正的施工过程。导管架滑移下水作业可在72h内完成，但目前一般安装单位暂无站立滑移下水经验。滑移下水属于气象限制性作业，可根据可靠气象预报选择设计环境条件。导管架滑移下水动力分析通常在静水中进行，不考虑风、浪、流的影响。对于深水导管架，由于其尺度和重量大，所能用的船舶也相对较少，尤其是对超大型导管架，整个设计过程都须围绕着锁定的船舶资源。另外，深水导管架一般采用躺倒式运输，并采用滑移下水，拖航和下水工况将控制导管架水平层珩架的布置和杆件的截面尺寸。

导管架滑移下水一般分为几步：

a. 用拖轮将下水驳船拖到合理的下水地点。

b. 通过对驳船压载，将其调整到设计好的吃水和纵倾角度。

c. 拆除导管架运输的绑扎件和下水紧固件。

d. 由千斤顶或绞车提供初始动力，导管架在沿滑道滑动，此时导管架的重量主要由滑道和摇臂承受。这个过程叫 Pre－tipping，这个过程中驳船纵倾加大，导管架速度不断加快，驳船向相反方向运动。

e. 当导管架重心通过摇臂中心时，摇臂开始旋转（Tipping），导管架完全在摇臂上滑动。此时导管架重量主要由摇臂支撑，往往这个时刻也是摇臂支撑力最大的时候。

f. 随着摇臂旋转，导管架继续在摇臂上滑动。这个过程叫 Post－tipping，这个过程导管架头部入水深度会不断增加，导管架受到的浮力也增加，因此一般情况下摇臂上的受力会变小。

g. 当导管架尾端感觉通过摇臂旋转支撑点时，导管架和驳船开始分离（Separate），分离后导管架头部继续下潜，然后头部旋转上升，最终依靠导管架自身的重量和浮力达到一个平衡状态，在水中漂浮。

h. 导管架在浮力作用下漂浮趋于稳定以后，采用大功率拖轮将导管架结构湿拖到规划工程场址就位，湿拖航速按两节考虑。

i. 导管架就位作业需按顺序解除导管架结构与浮筒连接，使导管架缓慢下沉就位。

j. 导管架应有良好的下水轨迹。导管架与驳船分离后，导管架与海底泥面最小间隙应大于10%水深或5m，取其大者。导管架下水后，不会在水中出现翻转情况。

（2）起重船配合半潜驳助浮。与滑移下水不同，起重船配合半潜驳助浮采用起重船配合半潜驳抬吊以解决导管架自身浮力不足的问题，所采用的导管架运输船主要为可压载的半潜驳船。施工工艺流程如下：

a. 导管架过驳、装船绑扎。导管架直立发运，使用 SPMT 液压平板车组进车顶升，滚装上船。提前在导管架落驳区域布置垫梁和胎架，分摊甲板受力。待导管架落驳和 SPMT 退车后，在导管架结构与甲板间焊接海运绑扎撑管，确保运输安全。

b. 半潜驳、起重船驻位布置。半潜驳干拖抵达施工海域后，半潜驳方向应满足导管架吊装需要，且起重船和半潜驳呈“T”字型布置。

c. 半潜驳压载过程。事先做好半潜驳压载下潜的准备工作。根据压载方案，按步骤压载。

d. 起重船挂钩时机与过程。起重船就位后，先将主钩解绑并把吊索具挂到主钩上，再将导管架部分解绑，最后将吊索具与导管架吊装耳板连接。

e. 半潜驳移船过程。万吨级起重船主钩逐步起升加载，待控制台显示主钩吊载达到导管架脱离半潜驳的载荷后，缓慢起升并安排潜水员检查导管架与半潜驳脱离情况。

完全脱离后半潜驳在自身锚泊系统和拖轮的辅助下移船并撤离。

f. 起重船助浮就位过程。万吨级起重船在拖轮辅助下，绞锚移位至导管架安装位置，微调船位和方向就位安装。

（3）钢管桩沉桩施工。在水深 45－53m 的海域，为保证管桩的加工与施工质量，一般采用整根长管桩的沉桩施工方式，不考虑分段接桩焊接的处理。由于导管架设计时已考虑钢管桩沉桩施工需求，沉桩过程中桩基为垂向入泥，桩穿过导管架上的桩靴，内部设置限位板，确保钢桩沉桩垂直度以及钢桩与导管架桩靴间的环缝的最小间距的精度，保证沉桩施工的角度与精度控制满足要求。钢管桩、导管架桩靴之间的间隙灌浆在打桩完毕、调整好导管架与桩管间的间隙后进行。灌浆施工由甲板驳船上所载的灌浆泵高压泵送灌注专用的灌浆材料，灌浆作业前，应进行原材料作业和配合比设计，并进行相关的试验工作。由于可能存在泥沙等杂物，影响灌浆效果，灌浆前可用吸力较强的小型吸泥泵清理底部泥沙，日及泥完成后尽快进行灌浆施工。灌浆材料的性能必须确保满足设计要求，在施工监理方的监督下，采用小型压浆机将材料浆液压至导管与钢管桩的环缝内，自下而上注满。

施工时，用软管伸入导管架桩靴内部，利用灌浆的自重挤出空气达到密实，待浆液从顶部溢出后即可停止灌浆并迅速拔出软管。灌浆时需注意以下事项：

1）导管架腿柱的底部应采取防止漏浆和隔绝外部海水与泥土进入的措施或使用密封装置。

2）灌浆设备应具有连续工作能力。

3）在灌浆时保持灌浆的压力。

4）用比重计测量导管架上部与桩之间的环缝出浆的密度，确保密度达到设计要求。

5）灌浆应连续进行，当必须间歇时，间歇期直短，并应在前层凝结之前。

8.2.4　海缆施工

8.2.4.1　深远海海缆施工主要环境特点

目前暂无关于深远海海上风电的明确定义，一般按照国际通用惯例以及实际工程经验，认为水深大于 50m 为深海风电，场区中心离岸距离大于 70km 为远海风电。

深远海海上风电项目开发具有海域更广、风能资源更丰富等优点，但深远海项目所在海域也存在涌浪大，强对流天气多发，气象情况难以预测等特点，同时也受到海域位置条件和水深影响，海洋性涌浪、海水及盐雾腐蚀、雷击、台风等不利自然条件影响更大，远海深水区域在台风等极端天气条件下将产生更复杂的风、浪、潮、涌工况。

8.2.4.2 海缆施工准备

海缆施工前，需办理海缆施工专项许可证书，在海洋渔业厅办理海域使用证书，海底管道施工许可证书等相关施工手续，确保海缆工程合法，有效；还需要得到施工区域港务，航道，渔政等相关部门的配合，在此期间可以先进行以下准备工作：

（1）现场调查。现场确认登陆点位置和登陆段电缆路由，复查施工区域的水文气象情况，特别是根据流向流速、潮高、潮时等来计算确定施工船施工时就位的最佳位置和最佳时间。同时安排专人收集权威的当地海域气象预报，做好安全应对工作，安装土建监控装置等系统建设。在施工船抵达施工现场前，利用 GPS 测量系统对路由两端登陆点以及工程的各主要控制点进行测量复核。

在施工过程中的测量，利用海缆埋设监测系统对海缆的具体位置及埋设装置进行监控。施工有关数据的采集主要通过埋设犁倾角传感器、电子罗经、姿态传感器、水深传感器、计米器、水泵压力传感器、电缆张力传感器、GPS 导航定位等组成。其中倾角传感器、姿态传感器、水深传感器在施工过程中能显示当前埋设犁在海底的姿态、当前的水深以及海缆埋深情况，电子罗经、GPS 定位系统则在施工的过程中直观地反映当前的船位和埋设轨迹及埋设当前数据。这些数据都将为施工提供依据，并根据实际情况来调整施工方法，确保海缆的安全以及施工的质量。

（2）海缆过驳。在海缆过驳前，先对海缆进行出厂试验，待试验符合设计标准后方可进行过驳施工，海底电缆的过缆索作业方式可分为整体吊装和散装过缆。

整体吊装是利用运输船上的起吊机或浮吊，将整盘海缆连同缆盘由运输船吊至施工船甲板上，再将电缆盘与甲板联结固定，并在施工船甲板上搭设其他返扭设施。整体吊装要求缆盘强度高、还要配备专用大型吊机，但其操作较为简单，适用于短距离重量轻的海缆，而长距离、大截面的海缆，其整体吊装成本高，不宜采用这种方式。

散装过缆地点为海缆生产厂家码头或施工现场。海缆在过驳前首先厂家须对海缆进行出厂检验，对装载上船的海缆进行性能检测，包括逐根进行直流耐压、绝缘电阻、电容等测试，待测试符合设计标准后方能进行过驳施工。

（3）路由扫海。路由扫海主要是为施工船施工时清除电缆路由上的一切障碍物，如渔网、废缆、绳索等，如遇到不能清除的障碍物，探明情况后，拟定解决方案并由建设单位确认。按作业方式的不同可分为拖锚扫海，声呐、多波束等仪器扫海，ROV（水下机器人）扫海等方式。施工前需沿每条设计路由往返扫海多次，直至施工路由上

无影响埋设犁正常施工的障碍物为止，如发现障碍物则由潜水员水下清理；若遇到不能及时清理的大型障碍物，由潜水员水下探明情况，按现场探明的实际情况拟订解决方案并立即告知业主及监理。在对主干海缆路由扫海中，应特别注意对深水沟槽的了解，便于施工时采取相应措施。

（4）登陆准备及试航。登陆前在两登陆点的路由轴线上挖设绞磨机地垅，在登陆的滩涂上按设计轴线敷设电缆登陆的牵引钢丝，并在电缆登陆路由沿途设置滚轮，以保护电缆免受磨损和减小电缆登陆时的摩擦力。施工船舶到达不熟悉的施工现场后，首先安排施工船在设计施工路由区域内进行试航，以熟悉施工区域内设计路由的各个关键点及潮水情况。试航过程中，船上的所有埋设设备及后台监测设备进行模拟操作演练，确保船舶、电缆输送机、埋设犁、锚泊系统、卷扬机等重要施工设备及监测装置的正常工作，确保施工顺利进行及海缆敷设质量。

（5）敷设主牵引钢缆。由于海缆施工船一般无自航动力，需靠收绞主牵引钢缆沿设计路由埋设施工。首先施工船根据 DGPS 定位就位于始端登陆点附近路由轴线上，由锚艇在海缆设计路由上抛设牵引锚，并与主牵引钢缆连接后开始敷设主牵引钢缆，直至将主牵引钢缆和施工船上卷扬机连接，施工时，由锚艇敷设主牵引锚。当施工至终端登陆点附近时，将主牵引钢缆与预先设置在海上换流站的地锚相连接。敷设时由 DGPS 定位，在转向点处，沿海缆路由方向适当延伸一段距离后下锚，确保施工时施工船沿设计路由进行海缆的埋设施工（转角处圆弧平缓过渡），牵引钢缆敷设时采用 DGPS 定位系统。

8.2.4.3　海缆敷设施工

由于船舶有吃水深度，一般不能直接到达陆地登陆点，根据海缆施工的过程，所以海缆敷设过程可分为始端登陆、中间段敷埋、终端登陆。

（1）海缆始端登陆。在海缆登陆平台前，已完成始端登陆的施工准备工作，具备登陆条件。准确测量登陆长度后，在施工船上截下余缆，并对截断海缆两端进行铅包封堵工作，防止海缆截断后外界环境对电缆造成电气性能及绝缘影响，确保海缆埋设及后续工作质量。海缆截断封堵结束后，进行海缆的始端登陆。海底电缆在海上换流站的登陆，需穿过与桩基固定的“J”管，登平台前应将钢丝绳置换“J”管内预先设置的牵引绳索，用船上绞车将电缆由海底通过“J”管口牵引至平台塔筒内预定位置。

其作业步骤（可随平台内部结构的具体设计而调整）如下：

1）准确测量船舶与平台的距离、水深和平台高度以及电缆余量，计算出登陆平台所需电缆长度，在船上量取电缆长度和确定切割位置。

2）铺缆船调整前行方向，用船上吊机抽放海底电缆，当到达设定的电缆截止点后，用电砂轮将海底电缆截断，并将海底电缆头做好绝缘和水密，绑扎好海底电缆拖网（Cable Stoper），再用吊机将电缆头吊放到电缆护管底部（同时在海底电缆吊放过程中，在海底电缆上绑扎适当的浮袋）。

3）在终点平台J型护管上端出口正上方安装一个导向滑轮，潜水员在J型护管下端喇叭口检查方向，另外需要检查是否有海洋生物阻塞喇叭口。

4）在电缆护管上部喇叭口处，将备好的电缆拖拉钢缆与铁球/其他重物相联接，然后将铁球/其他重物放入电缆护管内，靠铁球/其他重物的重力将电缆拖拉钢缆带到电缆护管底部，同时潜水员下水，到电缆护管底部将已到电缆护管底部的铁球/其他重物与电缆拖缆解掉，然后把由电缆拖拉钢缆与弃到海底的电缆拖拉网头联接。

5）通过电缆护管上部的导向滑轮将拖拉缆绳引回铺缆船上，通过船上锚机，并在潜水员水下指挥下，牵引钢缆与电缆头连接，将电缆头与平台上通过滑车的钢缆、钢丝网套可靠连接后，启动船上牵引绞车，将电缆牵引入水，缓缓通过水下“J”管口，直至提升出升压站平台到预定位置，留足设计余量后，将施工船上的电缆沉放至海床。

6）电缆登平台作业完成后要做好电缆绑扎固定工作，特别是电缆进入保护管入口处的定位卡子和电缆保护管出口处固定卡子的安装，防止电缆在运行中长时间受力，造成不应有的伤害。

（2）中间段敷设。海缆中间段敷埋过程中，根据海缆敷设和深埋先后顺序，分为先敷后埋和边敷边埋两种方式。

1）先敷后埋。施工船舶根据设计路由，将海缆抛放在海床上面，再由潜水员或ROV利用水下设备对海床上的海缆进行深埋和后续保护操作。这种施工方式一般适用在地质较差的海底，或大型施工船舶无法进入的较浅海域。

2）边敷边埋。边敷边埋根据主施工船舶的前进动力不同，可分为翻锚作业敷设、慢绞牵引钢丝敷设和自航式敷设等方式。

a. 翻锚作业敷设。施工船前后共4个工作锚，通过抛锚船沿海电缆路由方向不断抛射其牵引锚，施工船再由锚机收绞钢丝提供前进动力，使施工船向前移动，同时拖动埋设机进行电缆深埋敷设。这种方式敷设速度慢：且在海缆路由经过海底管线交越等错综复杂区域时，抛射牵引锚可能伤及其他海底管线：遇到海底地质差区域，频繁抛锚容易产生走锚危险。

b. 慢绞牵引钢丝敷设方式。施工船一般采用无动力方驳船，驳船吃水浅，便于近海施工。在潮流下，方驳船较其他船舶相对更稳定，给船上施工人员的提供相对稳定的平台。施工过程中，施工船通过专门大锚机来收绞预先抛敷在设计路由上的主牵引钢缆，提供船舶前进动力，使施工船向前移动，同时拖动埋设机进行电缆深埋敷设。而海缆的埋设速度由卷扬机的绞缆速度来决定，其敷埋速度需控制在核适范围内。当施工船偏离路由轴线时，采用拖轮及锚艇，在施工船背水侧或背风侧进行顶推，以纠正埋深施工船的航向偏差。施工船上的海缆埋设导航定位系统来控制海缆路由，埋深检测系统来监控埋设速度、埋设机水下姿势等数据，水深测量系统监控水深。这种方式敷设速度相对较快，船舶稳定性高，操作简单，实际应用较多。

c. 自航式敷设方式。施工船采用 DP（动力定位），实际上是一套计算机系统，它将导航定位信息、气象、颠簸以及潮流等数据输入到计算机内，然后由计算机来控制船舶动力系统，让船舶沿设计路由自动航线，同时拖动埋设机进行电缆深埋敷设。DP 系统能够按照施工要求可靠地控制船位；船舶准确定位，能够准确按照设计路由进行海缆敷设或埋设；可根据海底底质情况严格控制船速，调整埋设速度，保证埋设质量；在电缆接续或打捞等操作中能长时间保持船位不变；能准确记录海缆敷设路由，为今后海缆维护、修理提供依据。目前水下开沟采用的工具主要有以下两种：一种是射流式开沟机，是目前使用最普遍的一类海底管道开挖机器，高压水泵产生的高速水流输送到位于开沟机前端的喷嘴，从喷嘴喷出的水流可达到很高的速度，可将海底泥质、沙质、甚至基岩冲走，形成一条海底沟道。另外一种是绞刀式挖沟机，通过绞刀将泥土切碎，开出一条海底沟道，因其装置复杂，在国内工程中应用较少。

（3）终端登陆。工程施工应根据现场实际情况选择，登陆前在登陆点的路由轴线上挖设绞磨机地垅、在登陆的滩涂上按设计轴线敷设海缆登陆的牵引钢丝，并在海缆登陆路由沿途设置专用滑车及转角滑车，以减少海缆登陆时的摩擦力。

8.2.4.4 海缆保护

海底电缆防护主要有两种方式：电缆自身外防护和电缆掩埋。海底电缆自身外防护，通常是在电缆外层增加金属丝编织的防护层（铠装），其优点是增加电缆的抗磨损能力，缺点是减少了电缆的柔韧性，如果电缆的弯曲半径太小，将减少海底电缆的抗弯强度。此外，增加电缆的防护层将增加电缆的制造成本。当海底地质、地貌适合犁耕时，电缆掩埋的成本较电缆铠装要小很多。目前，在世界各国区域电网跨海域互联工程中海底电缆保护常见的措施为：在海缆近海岸登陆段浅水区采用水泥沙浆袋埋设保护和采用水力喷射冲埋保护。对于局部因覆盖层较薄达不到3m 埋深的区域，可增加其他保护措施，如套管保护，或加盖碎石、混凝土件、沙包等保护件。近些年大量采用海底电缆掩埋技术后，海底电缆的事故发生率大大地下降，而且随着海底电缆掩埋技术的进步，海底电缆的事故频率出现了下降的趋势。

当工程海域海床海底地形较为平坦，底质多以砂质粉砂和粉砂质砂为主，登陆部分为海涂和浅滩，岸上锚固井到换流站采用电缆沟或电缆隧道敷设保护，均采用钢筋混凝土结构。

1）按照国家法律法规，维护工程投资方的合法权益，保护海底电缆的安全。根据中华人民共和国国土资源部令第24号《海底电缆管道保护规定》，国务院《电力设施保护条例》，工程海底电缆敷设竣工后90日内，建设单位需要及时将海底电缆的路线图、位置表等注册登记资料报送当地县级以上人民政府海洋行政主管部门备案，并同时抄报海事管理机构。省级以上人民政府海洋行政主管部门每年会向社会发布海底电缆管道公告，划定海底电缆管道保护区，禁止在海底电缆保护区内从事挖沙、钻探、打桩、抛锚、拖锚、底拖捕捞、张网、养殖或者其他可能破坏海底电缆安全的海上作业。

2）非航道段主要位于风电场内，主要考虑冲刷因素，工程船只往来，未来管线交叉预留空间等，同时考虑地震因素适当加深埋深，该处海底电缆埋深按3m考虑。

3）对于穿越航道区的海缆加大电缆的埋j泵，海底电缆敷设完毕后应在保护区设置标识以及禁锚标志。同时通过各种通信手段提醒过往船舶不得在防护区内锚泊。考虑到大型船只紧急抛锚的极端情况影响，海底电缆在航道穿越区加大埋深至3.5m，局部采用混凝土软体排+土工布等保护方式。对于具体工程需要进行航道安全论证专题工作，明确现有航道和远期规划航道对电缆埋深、警示标志，警示灯等装置的要求。

4）接头区、海上换流站位置海缆爬升段采取后冲埋，然后覆盖混凝土软体排+土工布等措施。海缆长度超过单根制造长度及敷设运输极限，需要在中间设置接头，同时换流站位置海缆需要爬升引入海上换流站J型管出口处，两个位置因工艺需要，采用后冲埋敷设，然后加覆盖保护。

5）多次穿越海底光缆，为保护交越段的原有光缆、电缆安全，需制定合理的交越保护方案。

6）登陆段海缆是局部无法冲埋敷设的路径段，水深一般为0～3m范围，登陆段海缆由于环境及人为活动的影响，出现故障的可能性较高。海缆沟槽采用两栖挖掘机及人工开挖结合的方式进行预先开挖，然后进行海缆敷设，并及时进行回填施工。考虑到日常潮汐、台风风暴潮甚至海啸的冲刷影响，参考同类工程案例及经验，海缆登陆段采用球墨铸铁套管保护，埋深为2m。

7）陆上段，海缆登陆后，在海陆交界的沙滩上设计锚固井，从锚固井到换流站采用电缆沟或电缆隧道敷设保护，均采用钢筋混凝土结构。

8）当工程在地震活动区，工程需要改进海底电缆结构，提高海底电缆抗拉及变形能力，敷设海底电缆时需要在原设计敷设余量的基础上根据海底地面永久变形预测的结果，增加海缆铺设的余量，另外适当加大海底电缆的埋设深度，位于海陆交界的电缆锚固井及电缆沟考虑海洋风暴潮及地震海啸影响。

8.2.4.5　海缆接头

假定某工程路由总长90km，拟定将单根送出海缆分成约为A、B两段，各段长约为45km，拟定在A、B段各需设置一个软接头，A、B连接处采用硬接头形式。

（1）软接头方案：若中标缆厂单根海缆最大生产能力为30km，单根500kV送出海缆中间至少设置一个软接头以制成单根海缆。

（2）硬接头方案：海缆敷设过程中可能涉及硬接头的施工，考虑因素如下：

1）根据目前国内海缆施工能力，海缆施工船舶最大运输能力约为60km的海缆，单根海缆长度超过最大运输能力，单根海缆较难实现一次运输、连续铺设。对此需要考虑设置硬接头方案。

2）在单根海缆未铺设完成情况下，考虑到极端天气出现的可能性，存在截缆的风险，对此需要考虑设置硬接头方案。

3）根据施工方案选择的不同，为了降低海上作业风险，可能出现海缆分期分段施工的情况，故也需要考虑设置硬接头方案。

4）电缆登平台作业完成后，要进行电缆连接端子的制作工作。这项工作的重点是要控制制作电缆头的施工工艺和注意天气状况。要注意检查操作者的工作水平是否符合要求，是否具有相应的操作资质证书。在制作电缆头时，特别是高压电缆头，要求空气比较干燥时才可以进行，在天气比较潮湿的情况下，特别在大雾天气不允许进行电缆端子的制作工作，要先将电缆头密封好，等天气好转，满足相应标准规范安全要求时再来进行该项工作。电缆接线端子电气连接要良好，接地电阻要满足相应规范要求。

8.2.4.6　海缆试验

海缆敷设完成后需对整回电缆质量进行必要的性能检查，包括逐根进行耐压试验、绝缘电阻、电容等测试。海缆试验前应编制试验方案，并经审批同意后方可进行，确保试验设备检验合格，试验接线正确；试验程序和电压符合规程、试验方案，核对试验结果。

8.3 关键难点

海上风电所处的海域风速大，波浪高，吊装和基础施工难度和安全风险较大。施工作业需要考虑涌浪对吊装作业的影响，尽量挑选海况良好的施工窗口期。风电场场址紧邻多条外海习惯航道，且风机部件、基础钢结构运输过程中需要穿越多条航路，海上交通繁忙，对施工交通组织难度大。海底电缆将穿越重要渔业海域，海底电缆敷设保护需要考虑渔业活动的相关影响。海底电缆将穿越原有海底电缆及重要航道，登陆路径较为狭小，在施工期间及后期海底电缆保护需重点关注。

8.3.1 海上施工窗口期要求

与陆地风电相比，海上风电面临着技术、施工、管理等方面的多重挑战，由于海上施工作业环境特殊，施工窗口期短，且海上风电施工存在很多的连续施工作业，是一项难度大、时间紧、任务重的艰巨工程，因此施工的窗口期对海上风电施工管理极为重要。海上风电施工内容主要包括风机基础施工、风机安装施工、海缆敷设施工、海上换流站施工等，各项施工内容涉及到不同类型的施工船舶和设备。不同施工船舶的浮性、稳性及耐波性等性能各不相同，船舶的抗风能力、工作工况等各有差别，因此海上风电的施工和海洋气候情况直接相关。影响海上风电施工自然因素主要有潮位、风、波浪、海流、雨、雾、雷暴和台风等，其中潮位和海流等属于较为稳定的影响因素，规律相对易于掌握；雨、雾、雷暴和台风等因素属于短期影响因素，可预报性也相对较强；可影响海上风电施工最大的因素是强风和波浪，且强风往往伴随着强风浪。

8.3.1.1 单桩和平台基础施工要求

以某工程为例，海上换流站基础施工过程中，为确保运输船顺利靠驳起重船，需满足浪高低于1.5m，风况不超过五级；基础导管架定位对精度要求更高，需要短时间内满足浪高需小于0.8m方可进行施工；后续进行四根钢管桩的插打，对于浪高的要求可放松至2m，但是风况仍需满足不大于五级。

8.3.1.2 海缆敷设施工要求

海缆敷设的施工过程中，当海况不满足连续施工要求时，船舶可以就地锚泊，但整个施工过程中应避免出现台风等极端恶劣天气。

8.3.1.3 各工序的施工窗口期

结合历史数据，以月度为单位分别对满足各种施工条件的施工窗口期天数进行分

析。各项可利用的施工窗口期的界定如下：

海上换流站基础：连续4天及以上满足风况不大于五级且浪高不高于1.5m。塔筒安装：连续2天及以上满足风力不大于五级且浪高不高于1.5m。

海缆施工：风力不高于五级、浪高不高于1.5m且能见度大于1000m。

为了更好地利用施工窗口期，需要在项目开工前做好各项准备工作，确保施工所需船机设备、物资材料的供应满足现场施工的要求，协调好设备和供货，以保证相关施工作业在最短的时间内完成。充分利用好施工窗口期，将大大加快项目的建设进度，节约时间成本、降低工程风险、降低经济成本、提早产生效益。

8.3.1.4　施工窗口期应对措施

（1）加强天气监测，应对海上复杂施工环境。针对海上风电施工风浪影响大的问题，日常施工时应安排专人负责海洋气象预报资料的收集、分析、比对。配置专人制定严格的船舶出港、回港管理流程及调度制度，力求在确保船舶安全的前提下充分利用施工窗口期。表8-2为各类天气对应的停工标准及停工工序。

表8-2　天气对应的停工标准及工序

序号	作业环境	停工标准	停工工序
1	台风	停工	所有工序
2	雷暴	停工	高空作业、吊装
3	海流	≥2m/s	船舶定位，海缆敷设
4	风速	≥6m/s	高空作业、吊装
5	大雾能见度	≤1000m	船舶运输，海缆敷设
6	雨水降雨量	≥10mm/d	高空作业、吊装

（2）加强潮位监测，应对施工船舶低潮坐滩。根据海上风电特定海域环境合理安排工期，选用适应外海浅吃水施工的大型船机，选用适应外海浅吃水作业的锚泊措施，在作业过程中应根据潮汐经常测量水深，确保船舶航行安全；施工方案应保证可靠、快捷、减少海上作业时间；施工安排做到环节紧凑、周密、高效。

（3）制定专项吊装方案，确保单桩吊装安全。针对单桩起吊立桩，根据工程的实际情况认真研究吊装方案。严格按照海上风电吊装规范要求选择吊索具、校核吊耳强度、复核吊臂曲线等，编写单桩基础专项吊装方案。吊装方案经过评审后编制作业指导书，落实到每个作业人员。

（4）制定专项施工方案，确保单桩垂直度。坐滩施工的起重船在进点就位后压水坐滩，船上应配置液压双层抱桩架，满足单桩沉桩施工。抱桩架上下层各配置液压抱紧系统，配合甲板上架设的两台实时监测桩垂直度的全站仪（加弯管目镜和激光数显水平尺，正交法），可方便实现单桩基础垂直度调整，完全能保证沉桩的精度要求。

（5）制定专项人员营救方案，确保人身安全。海上作业人员众多，在船边、结构边沿、船舶事故、上下船，难以避免人员落水，涌流将人迅速冲走，造成人身事故。在施工过程中应加强人员管理，施工作业人员培训考试持证上岗，出海人员所有人员持有“四小证”，懂得海上求生、海上急救、海上消防及救生艇操作，建立出海管理制度，出海人员服从船舶安全人员管理，出海并登记，向船舶调度责任人汇报人员出海情况，登陆时按登记名册再点名签字登陆，并向船舶调度责任人汇报。制定落水救助、海上急救有关应急预案。施工前安全技术交底，明确质量管理要点。

（6）加强施工全过程管理，确保施工安全。开工前针对施工实际情况编制安全保证计划书，在施工过程中健全安全生产责任目标考核体系，建立健全安全生产管理制度，切实做好各岗位工种的安全教育培训工作，强化责任落实，加强隐患排查治理，积极开展各类安全管理主题活动，进一步把安全管理工作规范化、标准化、具体化，确保工程安全施工。

8.3.2 深远海海缆敷设张力控制

8.3.2.1 海缆敷设施工张力控制要求

海底电缆敷设时应控制电缆的张力，避免电缆发生扭结。滑轮处电缆的最小允许张力应不小于电缆在水中自由悬挂部分的重量，同时需保证电缆触水点弯曲半径大于电缆的最小允许弯曲半径。

入水角是敷设张力和敷设速度的综合反映，当放出电缆速度过快时，入水角增大，需及时用盘缘刹车或履带牵引机制动。反之则应减小制动力，甚至要送出电缆。一般敷设水深在几米至几十米之间时，合理控制入水角大小确保电缆敷设张力适中。

电缆敷设时，敷设张力主要由导体和铠装承担，导体及铠装的机械应力分配满足：

$$T_{Co} = \frac{A_{Co} \cdot E_{Co}}{A_{Co} \cdot E_{Co} + A_{Ar} \cdot E_{Ar}} \cdot T \tag{8-1}$$

$$T_{Ar} = T - T_{Co} \tag{8-2}$$

其中 T 是电缆纵向张力，T_{Co} 是导体层张力，T_{Ar} 是铠装层张力，A_{Co} 是导体截面，E_{Co} 是导体层弹性模量，A_{Ar} 是铠装层截面，E_{Ar} 是铠装层弹性模量。

电缆的最大允许张力应根据电缆导体和铠装的机械强度来决定，一般应有 5 倍安全系数。

当电缆敷设船在平静的海面上以恒定的速度前进时，水中电缆形状在下列假定条件下可视为“悬链线”：

（1）电缆无弯曲刚度。

（2）电缆自重荷载沿线长均匀分布。

在深远海海缆敷设施工中，电缆的弯曲刚度大多数情况下可忽略，电缆荷载沿线长基本呈均匀分布，悬链线模型可满足工程需要，电缆敷设示意图如图 8－13 所示。

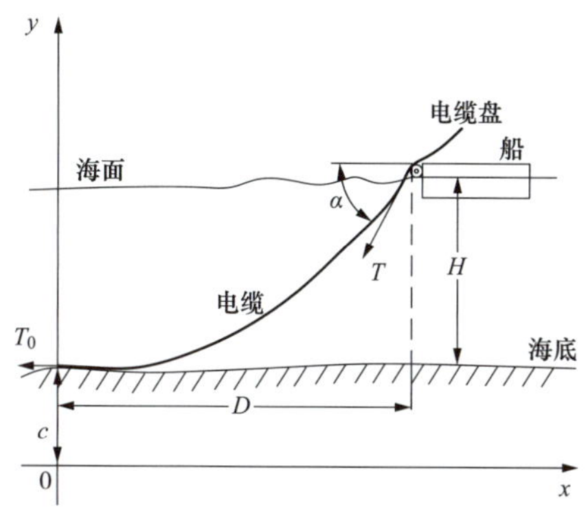

图 8－13　海缆敷设入水状态示意图

图中 D、H 分别为敷设滑轮放线点至电缆在水底的触地点之间的水平及垂直距离。T_0为电缆水平张力（退扭力）。T 为电缆悬挂点张力。α 为电缆入水角。电缆敷设时的悬链线可用下式表示：

$$y = c \cosh \frac{x}{c} \tag{8-3}$$

$$c = T_0/W \tag{8-4}$$

式中 c 为悬链线常数，W 为单位长度海底电缆在水中的重量，N/m。

电力悬挂点张力 T、最低点水平张力 T_0满足下式：

$$T = T_0 + WH \tag{8-5}$$

$$T_0 = T \cos \alpha \tag{8-6}$$

电缆触地点弯曲半径 R_0：

$$R_0 = c = \frac{H \cos \alpha}{1 - \cos \alpha} \tag{8-7}$$

8.3.2.2　海缆敷设施工张力控制措施

海缆敷设施工过程海缆张力控制主要有以下几种控制措施：

（1）履带式牵引布缆机搭配张力监测系统。履带式布缆机见图 8－14。

图 8－14　履带式布缆机

履带式布缆机利用上下两支履带压紧被敷海缆，由履带主动轮提供牵引力带动履带板上的滚子链牵引履带动作，为海缆提供牵引力。

履带两端分别布置主动轮和被动轮，主动轮由电动机通过针轮摆线减速器以及圆柱齿轮提供动力，带动履带运动；被动轮内装有鼓式刹车，为布缆机提供应急刹车力。

布缆机设有压力传感器，将布缆机所提供的牵引力实施测量并反馈至控制中心。

现有的履带式海缆牵引装置结构简单，操作简便。在施工 110kV 以下规格海缆的实践中，取得良好的效果和业绩。但由于结构及设计原因，其还存在以下不足之处：

1）履带采用链轮加滚子链传动，效率及可靠性不高，使用时噪声极大，滚子链受力大时，容易发生跳齿的情况，滚子链张力不容易调节。

2）采用液压油缸加钢梁的压紧传力方式，很难均匀分布压紧力，容易造成压紧力不均匀，实际施工中，出于确保海缆所受压紧力不超过设计侧压力的考虑，往往取比较小的压紧力，导致摩擦力不足，不能全部发挥牵引机的牵引力。

3）采用定型实心橡胶块与海缆的接触基本为线形接触，接触面小，导致海缆所受实际侧压力偏大，摩擦力偏小。由于实际施工海缆的尺寸经常变化，而橡胶块为非标产品，需要开模定制，加工难度大，加工量小，成本高。实际施工中难以做到与海缆的良好匹配。此外实心橡胶块硬度高，与海缆间缓冲不足。

4）采用交流变频调速的驱动电机，调速方式为手动调速，调速范围有限，操作不便。

5）采用张力传感器测量牵引机的牵引力，受到传感器标定、外界气温、环境影响，测量方式不直观，测量数据准确性及可靠性稍差。

（2）轮胎式布缆机（见图 8－15）。

图 8－15　轮胎式布缆机

轮胎式布缆机的特点如下：

1）一套轮胎布缆装置一般采用 4 组上下可夹紧的轮胎用于夹紧海缆，轮胎采用液压驱动为海缆提供牵引力。

2）轮胎布缆机采用模组设计，多组轮胎布缆机可以串联同步使用，以进一步提高布缆机的牵引力。

3）一套布缆机中 4 组上下轮胎可单独夹紧、松开，可根据施工需要选择任意 1 组、2 组、3 组、4 组轮子对海缆进行夹紧牵引。

4）每组轮胎采用单独油缸控制夹紧，确保每个点上对电缆的侧压力满足海缆的设计指标要求。

5）所有牵引轮均为主动轮，可以在同等侧压力条件下提供最大的牵引力；也即在所需牵引力一定的条件下，可对海缆附加最小的侧压力。

6）采用悬挂结构加液压油缸顶撑原理对牵引力（也即海缆张力）进行测力，其原理更加直观可靠，测量精度更高，也更不易损坏。

7）牵引控制采用手动和自动两种模式，手动模式下，由操作人员直接调整轮组转速以控制牵引速度；自动模式下牵引机根据预设的程序，根据牵引机实测的海缆张力自动控制布放速度，达到恒张力布放的效果。

对比履带式布缆机，轮式布缆机有以下优点：

1）采用液压马达直接驱动轮胎转动牵引海缆布放，运转更为可靠、平稳，噪声小，没有跳齿等问题。

2）采用充气轮胎与海缆接触，接触面更大，接触点缓冲效果更好。

3）轮胎与海缆间采用单点面接触，与履带式线接触相比，受力形式更为简单，也更接近海缆生产厂提出的侧压力指标形式。

4）可根据工程需要调节压紧轮的对数，灵活调整。

5）采用液压马达驱动，可实现布缆速度在0～100m/min区间内无极调速，相比电动马达驱动的履带布缆机0～12m/min的调速范围有着极大的提高。

6）驱动力更大，一套轮胎式布缆机体积仅有原履带式布缆机的3/4，牵引力达到10t，是原履带式布缆机的两倍。

7）控制自动化程度更高，控制更为精确，轮胎式布缆机采用PLC收集各项数据，由工控计算机进行实时计算并自动控制，在自动控制模式下可实现恒张力敷缆施工。

8）采用液压原理测量牵引力（也即海缆张力）进行测力，其原理更加直观可靠，测量精度更高，也更不易损坏。

9）轮胎布缆机采用液压油缸压紧，压紧系统安装有高精度数码传感器由自动化电控系统控制，可直接设置压紧压力，并实现自动补压的功能。

10）轮胎布缆机可多台同步串联工作，以提供更大的牵引力。

第9章 海风柔性直流输电工程调试

试验与调试是新、改、扩建工程投运之前必不可少的重要环节，其主要目的是验证系统在试运行前，设备性能、控制策略等能够满足设计要求。设备经过长途运输、现场安装后，在充电启动前，需要经过交接试验来验证其设备状态是否合格，从而确保入网设备质量。其中，直流控制保护系统试验是控制保护系统的设计、制造与工程现场调试和试运行衔接的环节，需要通过试验来检验控制保护系统的可靠性，确保控制保护逻辑动作正确，从而将潜在的故障风险降到最低，在保证整个直流系统运行可靠的同时，将设备的损坏风险、运维检修成本尽可能减小。其他需重点关注的设备试验项目包括但不限于顺序控制试验、联接变压器充电试验、直流设备直流耐压试验等。

现场的站调试和系统调试则是整个工程建设的最重要的环节，其基本执行情况为，给所有设备施加电压、通以电流，并将海上、陆上侧的换流站，与海底电缆形成一个整体，两侧升高电压，并最终实现功率输送。包括解闭锁、功率升降、功率阶跃等试验项目。

海风柔直工程的调试与陆上柔直工程存在差异，陆上柔直工程的调试流程，是先经过 FPT/DPT 试验后，在现场进行调试；但海风柔直工程中，由于海上站的调试难度远高于陆上站，如果在调试中出现故障，对设备进行检修、更换的难度远高于常规的陆上柔直工程。而换流站需先在船坞内完成组建，再托运到海上进行安装。因此为确保海上换流站安装完毕后的功能完整性，避免缺陷未暴露就托运至海上，海风柔直工程的调试一般分为两部分：海上换流站运输前的调试和海上换流站就位后的调试。

9.1 海上换流站运输前的调试

可以在运送至海上换流站之前提前在岸上船坞进行的调试见表 9 - 1：

表 9 - 1　运送至海上换流站之前提前在岸上船坞进行的调试

项目编号	项目名称	试验目的	验收标准
1	顺序控制试验	检验后台指令的下发、顺控操作顺序及电气联锁是否能正确执行。当一个顺序没有完成时，检验直流设备是否可以使用或者处于安全状态	顺控操作正确执行，电气联锁正确，SER（事件顺序记录）投入正确且记录正常，未出现其他故障

续表

项目编号	项目名称	试验目的	验收标准
2	联接变充电试验	验证联接变压器交流合闸时的励磁涌流是否处于所规定的限制值之内；检验换流阀的交流耐受能力	励磁涌流处于所规定的限制值之内；换流阀未出现其他故障
3	解闭锁试验	检验能否平滑地解锁及闭锁	指令正确下发，换流器能正确执行解锁、闭锁。解闭锁过程中不应出现意外的暂态电流及暂态电压
4	换流器充电试验	检验阀控主机改造后功率模块的自取能功能、充电功能是否正常	①在带电范围内没有异常的放电或其他事件发生，没有避雷器动作；②阀组正常充电时，阀控顺序控制状态正确，充电完成后，阀控达到允许解锁状态等待系统解锁；③模块比对试验时，阀控正确上报模块比对不一致告警信号及比对不一致模块号，且不允许系统解锁；④阀控设备对换流阀监视、检查功能正常
5	静止同步补偿（STATCOM）运行方式试验	检验 STATCOM 运行方式下换流器能否平滑地解闭锁、实现无功功率升降等	①解锁时直流电压应能快速升至额定值；②无功功率能够按照设定值和设定速率进行输出；③闭锁过程中无意外的暂态电流和暂态电压出现；④定无功功率模式下，柔直能够到达阶跃设定目标值
6	抗干扰试验	验证在使用步话机和手机通话时保护不会误动作	在使用步话机和手机通话时保护不会误动作导致直流跳闸
7	冗余切换试验	①验证在解锁状态下控制、保护系统等切换平滑无扰动；②验证阀控桥臂电流测量光纤故障、阀控与脉冲箱通信故障（Aurora 通信故障、同步信号通信故障、快速保护信号通信故障），系统能够正常切换	①系统切换过程中平滑无扰动；②阀控与脉冲箱切换板通信故障时，阀控系统保护动作逻辑正确且脉冲箱无错误数据上送，系统能够正常切换
8	阀控主机内部板卡及 VGCB 板在线更换试验	①验证单套阀控掉电，系统能够正常切换；②验证阀控主机内部板卡在线更换功能；③验证阀控脉冲箱切换板冗余及在线更换功能	①单套阀控装置掉电，系统能够正常切换；②阀控机箱内部板卡在线更换过程中，系统仍能正常运行；③单个切换板故障时系统不会闭锁跳闸，切换时平滑无扰动；④切换板在线更换过程中，系统仍能正常运行
9	功率模块故障试验	验证阀控的功率模块故障旁路功能的正确性	①模块故障旁路功能正常；②在功率模块冗余数量之内，换流单元能够稳定运行

续表

项目编号	项目名称	试验目的	验收标准
10	STATCOM运行跳闸试验	模拟阀控系统故障跳闸，验证换流单元三闭锁时序是否正确	①跳闸时序正确；②在跳闸过程中未出现意外的暂态电流及暂态电压
11	无功功率控制模式切换试验	验检验控制模式的转变，整定值的变化和限制值的变化是否平滑而无突变地完成	控制模式的转变，整定值的变化和限制值的变化可平滑而无突变地完成
12	保护性控制功能	检验各保护跳闸功能、配合及跳闸回路功能性	各跳闸回路功能性得到验证、跳闸执行正确
13	耗能装置充电试验	对耗能装置充电，检验充电后阀组以及各子模块的状态；检验耗能装置阀组在满足条件后的自动解锁情况	耗能装置阀组状态、子模块状态正常；耗能装置阀组在满足条件后自动解锁

9.2 海上换流站就位后的调试

海上换流站与常规陆上柔直工程调试的不同之处，主要有两个方面：

一是海上换流站就位后的调试，需要从陆上倒送电至海上站，先进行换流器充电解锁，再实现海上换流站母线的带电；二是海风柔直工程的调试工作需要和风机系统调试协同完成，如海上换流站的大负荷试验，需在风机全部安装调试完成并网后才可以开展。

整体的调试试验顺序为：陆上交直流站系统调试—海上直流站系统调试—海上交流站系统调试—直流端对端初始运行试验—升压站调试（如有）及风机并网试验—端对端系统调试。

9.2.1 单体/分系统调试

就位后为避免运输对设备造成影响，还需开展就位后的单体/分系统设备调试。在运送至海上换流站后进行的试验包括：顺序控制试验、换流器充电试验、解闭锁试验等，确保试验过程中各个设备起停逻辑及时序配合正确，各处电压、功率变化情况符合预期，控制保护及水冷系统运行正常后，应开展两站就位后的带电系统级调试。

9.2.2 系统调试

在海上换流站就位后，直流输电系统具备系统级运行功能，应进行带电系统级调试，包括受电启动带负荷试验、功率升降试验、跳闸试验、OLT 试验等，见表 9－2。

表 9－2　　带电系统级调试试验

项目编号	项目名称	试验目的	验收标准
1	受电启动带负荷试验	通过试验负荷的调节完成一次设备的基本性能检验、全站二次回路的完整性校验	网侧换流器正确启动、一二次设备性能校验正确
2	功率升降、稳态性能试验	检验直流输电系统能否在交流系统电压、频率及短路水平等规定的运行过程中达到规定的性能；检查直流功率变化是否对交流系统有负面影响	功率变化平稳，与交流系统的无功功率交换处于规定限制值内
3	跳闸试验	在有通信情况下手动模拟保护跳闸，验证闭锁时序能否正确执行，以及保护动作时序是否正常	整流站及逆变站两站闭锁时序应正确。在解闭锁和紧急停运过程中不应出现意外的暂态电流及暂态电压。试验过程中事件顺序、设备状态及信号正确
4	空载加压（OLT）试验	检验直流电压控制功能；检验换流阀的触发能力；检验换流阀和直流场设备的电压耐受能力；检验带线路空载加压试验顺序控制的正确性及开路保护会不会误跳闸	空载加压时，直流电压应稳定。空载加压时，没有意外的保护跳闸
5	大功率试验	小功率下各种试验已完成的前提下，验证整个海上风电柔直工程在额定负荷下的运行能力	额定功率下系统稳定运行
6	两站 0pu/1pu 功率故障	检验主设备暂态耐受能力、控保系统的暂态响应能力	直流主设备的暂态电压、电流耐受能力合格；控制保护系统响应正确

9.2.3 其他试验

9.2.3.1 宽频振荡调试试验

对于次超同步频段，由于孤岛系统中柔直换流器确定系统频率，风机通过锁相环对系统电压进行跟随，对于风机变流器，孤岛系统柔直换流器相当于弱交流电网，容易发生因锁相失败而导致的次超同步振荡现象。

对于高频频段，由于柔直换流器本身存在控制链路延时，其在高频段阻抗呈现负阻特性，当新能源场站阻抗呈现容性时，系统发生高频振荡。

宽频振荡试验包括：振荡预测与振荡抑制，振荡保护措施试验、振荡监视措施试验。

1）通过对柔直换流器及控制系统进行交流扫频，确定换流器阻抗特性曲线。

2）通过对空载交流母线、空载交流线路、新能源场站进行扫频，确定交流系统阻抗特性曲线。

3）通过阻抗特性比对，确定新能源孤岛接入柔直换流器高频振荡风险，并针对性提出抑制措施：缩减链路延时、电压前馈滤波、修改内环 PI 参数、限制系统运行方式。

振荡保护措施包括：①根据高频振荡时的电流能量累积作用，采用基于反时限动作的电流类谐波保护算法。②基于高频谐波电压特性，采用过零点监测保护算法、谐波畸变率保护算法以及宽谐波保护算法，各保护算法相互配合，实现对不同电压振荡类型的全面保护。

振荡监视措施包括：电压类高频谐波保护，根据电压过零点判断振荡幅值与频率，当振荡幅值或频率超出一定范围后极控直接闭锁换流阀。

9.2.3.2　风机脱网试验

新能源孤岛接入柔直换流站故障穿越试验主要考核新能源线路发生短路故障时柔直换流器能否可靠穿越不闭锁，同时非故障线路的新能源场站能否可靠穿越不脱网。

需要开展海缆首端、末端永久性接地故障，故障类型包括：单相接地、两相短路、两相短路接地、三相短路，共四种。

新能源场站在故障穿越过程中发出大量无功功率支撑电压，当故障清除后会因无功过剩产生一定的过压现象，导致风机因超出高穿特性而闭锁跳闸。目前中国电科院对风电机组高穿特性有最新要求，即超出 1.3p.u. 后风机脱网。

新能源孤岛接入柔直换流站故障穿越试验主要考核新能源线路发生短路故障时柔直换流器能否可靠穿越不闭锁，同时非故障线路的新能源场站能否可靠穿越不脱网。

针对风机故障穿越问题，柔直换流器需要采用合理的故障穿越策略。如果不抑制故障电流，则发生故障后换流阀会因故障电流过大而闭锁跳闸，如果完全抑制故障电流，则故障恢复过程中风机因无功过剩而过压脱网，同时故障过程中交流保护灵敏度降低，保护有可能拒动。

新能源孤岛柔直送出系统陆上站故障穿越主要采用三种策略，三种策略组合应用：为降低故障电流，采用负序电流抑制环节，抑制负序电流；为降低故障电流，采用低压限流环节，限制正序电流；为防止功率盈余产生的过压问题，采用直流耗能装置，消耗盈余功率。

9.2.3.3 陆上站涉网试验

具备带电条件后，应开展陆上站的涉网试验，包括交流母线带电调试、交流系统监控调试、电网调度自动化系统调试、交流系统试运行专项测量、站用电系统充电/断电等，主要目的为验证站用变压器充电过电流、过电压等电磁暂态过程在标准规定范围内，验证站用变耐受全电压下的冲击性能、变压器差动保护躲过励磁涌流的能力、电源自动切换功能等，确认陆上站具备接入交流系统的能力。

第10章

海风柔性直流输电工程运维技术

海上换流站长期处于高盐、高湿、强风、海浪冲击等恶劣环境，风电机组及各类结构件容易腐蚀、电气设备也容易发生故障，海上平台承受到海浪、涌流、强风甚至台风冲击，平台磨损、老化加快。在海况恶劣时，维修人员不具备出海条件情况下，海上换流站设备故障无法及时排除，可能出现发电量损失情况；在设备维护和抢修不到位的情况下，可能导致海上换流站设备发生本可避免的故障，造成额外的发电量损失。

10.1　运维策略

10.1.1　监控策略

海上换流站采用无人值班模式，相关设备的状态通过智能监控系统进行监控，设备状态的核查和“巡视”通过机器人、可见光、红外摄像头等设备辅助集控中心人员完成；整个海风系统将通过岸上集控中心操作，为所有的设备顺序控制提供较好的硬件基础；海洋水文天气、钢结构基础防腐、生活辅助设施等监控将通过远程摄像头+现场定期检查来完成，保证将问题在发生初期解决，尽可能地减少出海的事故抢修工作。

海缆故障90%以上为外力破坏造成，为了避免此类故障，宜对海底电缆保护区进行路由监控，根据需要配置AIS系统、雷达及VTS系统、近岸视频监视系统、红外夜视系统等设备终端，24h对进入海底电缆路由区域的船只监控，发现船只低速或抛锚立即采取应急措施进行干预，防止在保护区抛锚事件的发生，危及海缆安全。另外，海底电缆宜配置温度、应力在线监测系统，通过捆绑或复合的光纤对海底电缆本体温度、应力情况进行实时在线监测，及时发现本体的异常或缺陷。

10.1.2　维护策略

10.1.2.1　海上换流站维护策略

海风柔直系统的巡视和定检周期可通过以下几条途径来确定：①设备生产厂家维护手册，该手册应该满足系统设计初期预计的巡视和定检周期；②相关设备运维单位对相关设备积累的经验；③相同厂家、相同类型设备在其他系统中的可靠性状况或者缺陷；④系统设计的智能化程度。

考虑到海上环境的不稳定性，海上换流站无法像陆上换流站一样保证固定的巡视周期，因此要求通过设备的高可靠性、高冗余性和高智能化来代替不确定的人工出海巡视。但是总会有一些异常需要运维人员出海处理，因此建议海上换流站的人工巡视工作结合月度和季度的简单维护和消缺同步开展，不形成固定的巡视周期。

日常的监视工作通过智能系统完成，主要分为设备状态的自动记录和可见光的人工巡查，通过自动记录数据和视频实现设备的长期监控、自主分析，结合可见光人工核查，替代传统换流站的日常巡视工作。

对于钢结构、辅助系统等设备，按照与电气设备相同的管控方式进行管控，以保证在人员无法现场干预的情况下，相关系统远程控制可靠、可用。

10.1.2.2　海底电缆维护策略

海底电缆主要维护策略建议如下：

1）每周 3 次乘船对海底电缆路由进行巡视检查；

2）每月 1 次对海缆终端、终端避雷器等进行红外测温；

3）每月 1 次对海缆终端接地电流进行测量；

4）每半年 1 次对油泵站进行一次全面维护（适用于充油海缆）；

5）每年 1 次对充油海缆去油样进行油色谱试验、耐压及介损测试等（适用于充油海缆）；

6）每年 1 次对海缆终端及终端避雷器绝缘子进行清污（停电时开展）；

7）每年 1 次对终端站设备设施进行 1 次防腐；

8）每年 1 次对海缆路由区域航标进行大保养；

9）每年 1 次对两终端站缆向灯桩进行大保养；

10）每 2 –3 年 1 次对海底电缆埋深、坐标及保护外观等进行检测，对路由地形地貌进行检测；

11）每 3 年 1 次对海缆终端避雷器进行预防性试验（3 年滚动计划，停电时开展）。

10.1.3　修理策略

10.1.3.1　海上换流站修理策略

（1）海上柔性直流换流站检修的一般规定。

1）海上柔性直流换流站的检修受限于海洋环境、交通运输、作业工具等因素，宜以状态检修为主、临时检修为辅，在条件允许的情况下，可适当延长检修间隔。

2）临时检修对应有三种情况：缺陷检修、改进性检修及故障检修。

3）海上柔性直流换流站的日常巡检可通过远程监测系统完成，必要时可安排人员到现场检查。

4）在开展系统停电检修的情况下，可根据实际条件执行相关巡检项目。

（2）状态检修。状态检修按设备在运行中的状态决定是否进行检修工作。采用以下策略：

1）以海上柔性直流换流站的状态评价结果为依据，将检修等级分为A、B、C、D四级。按检修条件划分为：停电和不停电检修。A级、B级、C级检修为停电检修；D级检修为不停电检修。

a. A级检修是指对设备进行整体解体性检查、维修、零部件更换、预防性试验或有特定需求的功能和性能试验。实施全部A级检修项目。

b. B级检修是指对设备进行局部性检查、维修、零部件更换、预防性试验或有特定需求的功能和性能试验。进行B级检修时，可根据设备状态评估结果，有针对性地实施部分A级检修项目或定期滚动检修项目。

c. C级检修是指根据设备的磨损、老化规律，结合设备的消缺需求有重点地对柔性直流换流站设备检修。包括对设备进行常规性检查、清扫、维护、评估、修理、零部件更换、预防性试验或有特定需求的功能和性能试验。C级检修可实施部分B级检修项目或定期滚动检修项目。

d. D级检修是指设备在不停电状态下进行的带电测试、外观检查和维修。设备主体运行状况良好，结合附属系统或附属设备的消缺需求对其附属系统或附属设备进行检修，除此之外，还可进行根据设备状态的评估结果，可实施部分C级检修项目。

2）新投运的海上柔性直流换流站1年内（交流侧220kV及以上）或满1－2年（110kV/66kV），以及停运6个月以上重新投运前的设备，应进行例行试验同时还应对设备及其附件（包括电气回路及机械部分）进行全面检查，并收集各种状态量进行状态评估，或按实际需求确定检修等级进行检修。

3）当设备存在下列情形之一时，需要对设备核心部件或主体进行解体性检修或更换：

a. 例行或诊断性试验表明：设备存在重大缺陷；

b. 设备受重大家族缺陷警示；

c. 依据设备技术文件或运行要求。

4）解体性检修在A级、B级检修中发生。不需对设备核心部件或主体进行解体性的检修对应于C级、D级检修。

5）设备的状态监测结果有4种，即正常状态、注意状态、异常状态和严重状态。

a. 正常状态：设备各状态量处于稳定状态、其量值在标准规定的限值（警示值、注意值）之内，安全运行的状态。

b. 注意状态：设备一项或多项状态量变化趋势朝接近标准限值的方向发展，但未超过标准规定的限值，还可以继续运行，但在运行中应加强监视的状态。

c. 异常状态：设备一项或多项状态量变化较大，其量值已接近或略微超过标准规定的限值，还可以维持运行，但在运行中应加强监视并需适时安排检修的状态。

d. 严重状态：设备一项或多项状态量的量值严重超过标准规定的限值而不能持续运行，需立即或尽快安排停电检修的状态。

6）海上柔性直流换流站设备状态检修策略见表10－1。

表10－1　　海上柔性直流换流站状态检修策略

项目	设备状态			
	正常状态	注意状态	异常状态	严重状态
检修策略	被评价为“正常状态”的一次设备执行C级检修，在C级检修前，应根据需要适当安排D级检修工作	被评价为“注意状态”的一次设备执行C级检修。如果仅单项状态量评价导致评价结果为“注意状态”时，应根据实际情况提前安排C级修；如果多项状态量评价导致评价结果为“注意状态”时，可按正常周期执行C级检修，并根据实际情况增加检修和试验内容。在C级检修前，可以根据需要适当加强D级检修中的带电监测工作	对于被评价为“异常状态”的一次设备，应根据评价结果确定检修等级，并适时安排检修。实施停电检修前，应适当加强D级检修中的带电监测工作	对于被评价为“严重状态”的一次设备，应根等级，并立即或尽快安排检修。实施停电检修前，应适当加强D级检修中的带电监测工作
推荐周期	正常周期或延长一年	不大于正常周期	适时安排	立即或尽快安排

7）宜根据远程监控结果，综合分析出海成本、停运损失、海洋环境等因素，在维护需求达到一定阈值或发生严重故障预警后，制定检修方案。海上柔性直流换流站的检修需求分为Ⅰ、Ⅱ、Ⅲ三类：

a. Ⅰ类检修需求对应于表1中的设备处于严重状态，需立刻安排运维人员前往海上平台开展检修工作。

b. Ⅱ类检修需求对应于表1中的设备处于异常状态或注意状态，需适时安排运维人员前往海上平台开展检修工作。

c. Ⅲ类检修需求对应于表1中的设备处于注意状态或正常状态，可根据具体情况远程解决或者推迟到下一次停电检修期间进行。

8）海上柔性直流换流站的状态检修逻辑如图10－1所示。其中，设备的状态评价结果应基于在线监测、巡检、带电检测及例行试验、诊断性试验、家族性缺陷等状态信息综合决定。

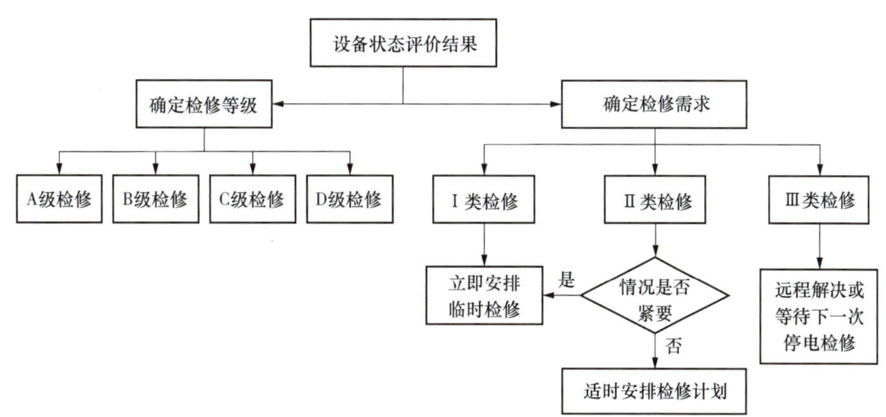

图10－1　海上柔性直流换流站的状态检修逻辑图

10.1.3.2　海底电缆修理策略

（1）海底电缆裸露悬空修复。检测过程中发现海底电缆海缆本体连续悬空超过15m时，需对悬空部位进行修复，根据悬空和其他裸露位置和现场情况，采取冲埋、抛石、联排水泥压块、水泥沙袋、海底石笼、铸铁套管、预挖沟、水泥沙袋等方式对裸露悬空段进行保护，保护至少需达工程设计防护级别。

（2）海底电缆登陆段护坡修理。海底电缆登陆段护坡塌方导致海缆正上方堆积异物累计长度达20m（含20m），或护坡塌方导致海底电缆下沉超过1m（含1m），应立即进行填埋修复。

（3）海底电缆路由标识修理。当运行维护过程中发现航标缺失、损坏，位移严重（通过海底检测个发现航标沉块跨越海缆），灯具故障无法发光，需立即进行修复；发现缆向灯桩桩颜色不鲜明，灯具损坏指示异常，晴朗夜间，照射距离不足2海里（3.7km）时需立即修复。

检测过程中发现海底电缆海缆本体连续悬空超过15m时，需对悬空部位进行修复，根据悬空和其他裸露位置和现场情况，采取冲埋、抛石、联排水泥压块、水泥沙袋、海底石笼、铸铁套管、预挖沟、水泥沙袋等方式对裸露悬空段进行保护，保护至少需达工程设计防护级别。

10.1.3.3 海缆故障维修

（1）海缆故障修复准备。海缆故障维修前应向管辖该海域的海事部门递交《水上水下施工许可证》和向海洋行政主管部门递交《施工申请》，经批准后方可开展维修施工。水上水下施工作业许可由建设、施工作业单位或其代理人向省级海事局提出申请并发布航海公告，通知过往船只知悉和避让。

（2）海底电缆故障维修。海底电缆故障维修主要包含故障定位，电缆的切割、封堵及打捞，电缆接续，电缆回放及复保护。修理的关键在于定位和接续。

海底电缆故障定位多采用 TDR 电缆故障探测仪进行，依据回波图谱计算出故障点位置，后采用电磁检测方式对水下故障点进行精确定位做好标记并记录坐标点。

海底电缆的接续，当前使用最多的是软接头技术，即通过软接头将多段电缆连接起来。对于超高压电缆就不能采用传统接续方法进行连接。主要包括：电缆芯线外层清洁处理；修复电缆接地；线芯焊接恢复；绝缘层恢复；铅护套恢复；外护套恢复。

10.1.4 翻新策略

受制造工艺的限制和技术进步的影响，海风柔直系统也不可避免地需要开展设备的中期翻新工作，预计将需要开展的中期修工作如表 10－2 所示。

表 10－2　　海上换流站设备翻新周期

序号	内容	周期
1	直流控制保护系统改造（包括功率模块板卡）	18～20 年
2	空调系统	18～20 年
3	消防系统	18～20 年
4	监控系统（硬盘、交换机、工作站）	7 年
5	视频系统、机器人系统、红外系统	7 年
6	海缆检测	6 年
7	海缆修复	6 年

虽然设备翻新参考设备寿命给出了参考值，但是同一个直流工程的冗余设备翻新应该进行合理的安排而错开一定的时间，从而保留一定的功率输送能力，降低设备全停造成的风力和电量的损失。

10.1.5　退运要求

设备退运是设备全生命周期的一个重要阶段，在退运的过程中，一定要防止污染环境的事故事件发生，同时需要根据海洋环境的保护要求合理处理退运的设备和结构：对于沉入海底不会威胁周围设备和环境的部分可沉入海底，作为珊瑚等海洋生物生产的基础，鱼类躲藏的鱼礁；对于不能直接沉海的设备和污染物一定要按照规范进行处理，达到环境友好的目的。

海缆退运后，根据回收经济性决定是否要回收。

10.2　应急处置

10.2.1　海上换流站设备故障应急处置

在充分考虑经济性和可靠性的基础上，海上换流站设备应该配置一定量的备品备件：

1）对于国内生产的标准设备，或者短期内不会变更型号的主设备可以考虑不设置备品备件，或者与厂家达成备品备件供给协议，保证在应急处理的时候有可用的备品可用；

2）对于仍然受国际产业链限制的备品备件，应该根据设备的可靠性长期备用一定的数量，从而保证采购周期的可控在控。

3）应急保障的船只宜通过合同的方式进行外包确定。

4）应急处置所需工器具应该固定存放于用于抢修的码头，并配置工器具上下船所需的特种车辆、设备等。

10.2.2　海缆故障应急处置

海缆保护区应急事件现场处置是指在海缆保护区发生船舶抛锚、航速异常、非法渔业等应急事件时，应急值班人员乘坐应急船舶赶往现场进行事件处置，以确保海缆安全。

10.2.2.1　应急事件处置船舶使用方式

根据实际天气情况和海缆路由现场海况，应急处置用船可分为三种情况，如表10－3所示。

表 10-3　　应急处置工作用船流程表

<table>
<tr><th colspan="2">类别</th><th>处置用船和人员</th></tr>
<tr><td colspan="2">正常海况下（风速≤6 级）</td><td>应急值班人员乘巡视船，和警戒船同时赶赴肇事现场</td></tr>
<tr><td rowspan="2">巡视船无法赶往肇事现场（6 级 < 风速≤7 级）</td><td>可摆渡人员登警戒船</td><td>应急值班人员乘巡视船至预先约定的地点登上警戒船，乘警戒船赶往肇事现场</td></tr>
<tr><td>无法摆渡人员登警戒船</td><td>警戒船赶赴肇事现场辅助处置</td></tr>
<tr><td colspan="2">恶劣天气，警戒船无法赶往事发现场（风速≥8 级）</td><td>借助救助船赶赴肇事现场</td></tr>
</table>

10.2.2.2　应急事件处置规定

（1）海底电缆保护区应急事件处置应使用抗风等级满足现场海况的船只，船只经定期检验合格。应急事件处置工作须提前查询应急处置海域当日海况，满足以下条件时方可出海使用警戒船或巡视船开展应急事件现场处置工作：

1）海面平均风力≤7 级（阵风≤8 级）；

2）能见度≥100m；

3）海上浪高≤2m；

4）当地海事局船舶交通管理中心未发布 7 级风船舶封航等停航信息。

（2）巡视与应急处置人员资质。参照《中华人民共和国船员条例》《中华人民共和国海上交通安全法》规定，海底电缆保护区应急事件现场处置人员应通过海事部门专项培训，经考试合格，取得海上作业相关资质证书，掌握海上救生、基本急救、防火灭火等技能。

经人才评价中心或相应的技能培训中心考核通过人员方可开展海缆巡视作业。

10.2.3　陆上换流站故障应急处置

与常规陆上换流站基本一致，但是需要根据海况进行调整和安排，并在等待期间合理安排人员和工器具的准备工作，避免长时间的等待和耽误抢修工期的情况发生。

10.3　海上特殊运维技术

10.3.1　海上换流站特殊运维技术

海上换流站的特殊性决定了海上换流站需开展有别于陆上换流站的部分特殊设备

运维技术。

10.3.1.1　防腐

海上换流站无论是直接置于海水中的结构，还是受潮湿、多盐海风的吹拂的平台上设备，甚至室内设备都可能受到比陆上换流站更严重的腐蚀，因此防腐维护工作将会是海上换流站运维工作的重要组成部分。

10.3.1.2　水下焊接

不论是受腐蚀的影响，还是因地基受到洋流的冲刷而带来的基础变化，海上换流站都面临着需要临时进行水下焊接的维护工作，而该技能目前水平依然不高，需要在持续的生产实践中进步。

10.3.1.3　海水淡化系统的运维

海上换流站采用了三级水冷技术，该技术需要持续的海水淡化来满足“第二级”冷却的用水，因此需要换流站长期运维一套海水淡化设备。

10.3.2　海底电缆检测技术

海缆路由检测利用水下机器人、有源探测、声学、可视摄像、光纤探测技术等成熟技术对海底电缆运行环境进行全面检查，排查海缆保护的薄弱环节及海缆保护程度变化趋势，及时采取措施提高海缆保护水平。海底电缆检测可分为海缆路由埋深检测和海缆路由地形地貌检测两部分。

10.3.2.1　海缆路由检测

海缆路由检测内容主要包括海缆路由坐标（含两侧登陆段）检测、海缆埋设深度检测、海缆路由障碍物摄像检测、海缆路由裸露/悬空/抛石石坝摄像检测、风险点定点检测。检测周期为每2－3年1次，可根据海底电缆检测及实际运行情况对检测项目和周期进行适当调整。

检测时间须避开台风天气，尽量选择在4－9月份之间进行，并于全部检测完成后3个月内提交检测报告。

海缆路由埋深检测根据不同的水深需要选用不同的技术装备，深水区段可使用水下机器人搭载海缆管线仪贴近海缆进行检测；浅水区段可采用海缆管线仪绑定在检测船等浮体上进行浅水区和登陆段海缆检测。

海底电缆检测工作完成后应及时进行总结分析，主要内容包含：

1）海缆路由、埋深：包括带编号、每隔5m的海缆路由坐标及对应埋深数据、时间、航向、水深等；

2）海底电缆保护石坝外观及高度：包括石坝外观及其厚度信息；

3）海缆裸露、悬空：包括海缆悬空和裸露位置坐标、长度、悬空高度、水深、航向等信息数据。

10.3.2.2 海缆路由地形地貌检测

为了更好地掌握海缆路由状况，准确评估海缆安全风险，需定期对海缆路由地形地貌进行检测。检测周期为每 2 年开展 1 次，在海缆保护区内发生船舶弃锚、搁浅等高风险事件后，应对风险区域海底电缆路由进行地形地貌重点检测。

第 11 章

海上风电柔性直流输电技术工程应用与展望

11.1　国内外海上风电柔直送出工程概况

全球海上风电总体呈现“由小及大、由近及远、由浅入深”的发展趋势，即单机额定容量逐步增大，风电场规模越来越大，风场离岸距离和水深不断增加，柔性直流并网技术是目前世界范围内远海风电并网的主流技术路线，也是国际大电网组织 CIGRE 推荐的远海风电并网最佳技术方案。国内外主要柔直项目概况表（2010 ~ 至今）见表 11 －1。

表 11 －1　　国内外主要柔直项目概况表（2010 ~ 至今）

序号	国别	项目名称	投运或计划投运时间	容量	直流电压
1	德国	BorWin1	2010	400MW	±150kV
2		BorWin2	2015	800MW	±300kV
3		DolWin2	2015	916MW	±320kV
4		DolWin3	2015	900MW	±320kV
5		HelWin1	2015	576MW	±250kV
6		HelWin2	2015	690MW	±320kV
7		SylWin1	2015	864MW	±320kV
8		BorWin3	2016	900MW	±320kV
9		DolWin1	2018	800MW	±320kV
10		DolWin6	2023	900MW	±320kV
11		DolWin5	2024	900MW	±320kV
12		BorWin5	2025	900MW	±320kV
13		BorWin6	2027	1030MW	±320kV
14		BorWin4	2028	900MW	±320kV
15		DolWin4	2028	900MW	±320kV
16		BalWin1	2029	2000MW	±525kV
17		BalWin2	2029	2000MW	±525kV
18		BalWin3	2030	2000MW	±525kV
19	英国	Dogger Bank A	2023	1200MW	±320kV
20		Dogger Bank B	2024	1200MW	±320kV
21		Dogger Bank C	2026	1200MW	±320kV
22		Sofia	2026	1320MW	±320kV

续表

序号	国别	项目名称	投运或计划投运时间	容量	直流电压
23	荷兰	Ijmuiden Ver1	2028－2030	2000MW	±525kV
24		Ijmuiden Ver2	2028－2030	2000MW	±525kV
25		Ijmuiden Ver3	2028－2030	2000MW	±525kV
26		Nederwiek 1	2028－2030	2000MW	±525kV
27		Nederwiek 2	2028－2032	2000MW	±525kV
28		Nederwiek 3	2028－2032	2000MW	暂定
29	美国	Sunrise	2025	924MW	±320kV
30	中国	汕头南澳	2013	200MW	±160kV
31		江苏如东	2021	1100MW	±400kV
32		阳江青洲五、七	2025	2000MW	±500kV
33		阳江三山岛	2026	2000MW	±500kV
34		汕头中澎二	2024－2025	1000MW	±320kV
35		福建长乐外海	2026－2027	2100MW	±500kV
36		汕头潮阳	2026－2027	6000MW	±500kV

11.2 国内典型海上风电柔性直流输电工程

海上风电较早发展于欧洲，多集中于德国、荷兰、瑞典，采用柔性直流技术作为输电方案已较为成熟。中国柔性直流与海上风电的结合起步相对较晚，但得益于技术积累丰富、工程应用起步较高，我国于 2021 年 11 月投运了世界上直流电压等级最高、容量最大的江苏如东柔性直流示范工程。以下是几个主要工程的介绍。

11.2.1 如东海上风电柔性直流输电示范项目

（1）工程基本概况及技术方案。如东海上风电柔性直流输电示范工程，于 2021 年底建成并投运。工程位于江苏省如东县黄沙洋海域，是亚洲首个采用柔性直流输电技术的海上风电项目，负责如东 H6、H10、H8 三个海上风电场共计 1100MW 输出。

该示范项目分别在海上和陆上各建设 1 座换流站，其中海上换流站离岸直线距离约 70km。海上、陆上换流站之间通过 99km 海缆及 9km 陆缆连接。柔直输电系统采用对称单极接线，直流电压等级 ±400kV、输送容量为 1100MW。拟定的送出方案如图 11－1 所示。

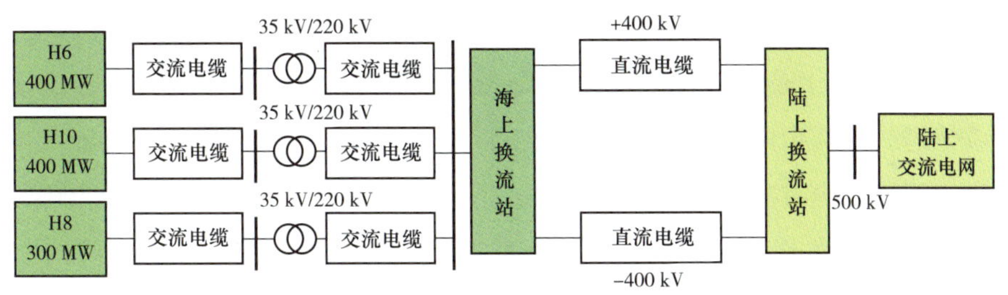

图 11-1　如东海上风电柔性直流输电示范工程送出方案示意图

海上风电场群 H6、H8 和 H10 位于如东县东部黄沙洋海域，其中 H6、H10 风电场装机容量均为 400MW，H8 风电场通过远期扩建，装机容量将达到 300MW。在每个风电场内各设置 1 座 220kV 海上升压站，风电机组通过场内 35kV 集电系统与其接入。3 座海上升压站共同接入海上柔直换流站。海上换流站位于 H6 和 H10 场区之间海域的中部位置，站址水深约 17m。海上风电场群输出的电力依次通过海上升压站、海上换流站、直流电缆、陆上换流站，并入 500kV 陆上交流电网。

（2）工程创新点。

1）完成了分体式导管架基础型式以及上部组块浮拖安装技术在国内海上风电领域的首次应用。

2）其直流电压等级为 ±400kV、输送容量为 1100MW，均刷新了当时海上换流站的纪录，让风电进一步走向远海。

3）使用了中天科技研制的 ±400kV 直流电缆，填补了国内海底电缆的应用空白，目前国内已经具备 ±500kV 直流电缆的生产能力，赶上了国际领先水平。

4）首次批量使用中车株洲生产的 IGBT 部件，加上中南通道使用的中车 IGBT 部件，柔性直流核心部件国产化达到应用要求。

11.2.2　青洲五、七海上风电柔性直流输电工程

（1）工程基本概况及技术方案。青洲五、七海上风电柔直工程是国内首个 200 万千瓦级的海上风电柔直输电工程，同时也是目前世界在建规模最大的海上风电柔直输电工程，位于粤西阳江海域。青洲工程一方面是我国海上风电迈入“平价时代”后的首个海上柔直输电工程，另一方面也是首个输电距离接近 100km 的远海输电工程，对我国未来深远海风电资源的开发具有重要的示范作用。

青洲五、七风电场位于粤西区域，中心点离岸距离分别为 71km、70km，青洲五七直流海缆路由距离 92.5km。该工程建设 1 座 ±500kV 海上换流站和 1 座 ±500kV 陆上

集控中心，以及±500kV直流海缆。整体技术方案采用±500kV对称单极柔性直流输电系统，风电机组发出的电能通过66kV集电海缆接入海上换流站，升压后通过±500kV直流海缆输送到阳江市阳西县的陆上集控中心。

青洲工程为国内首次应用±500kV高压直流海缆的工程，额定功率2000MW，导体截面2500mm^2，最高运行温度为70℃，导体采用型线绞合工艺，主绝缘采用交联聚乙烯绝缘材料，绝缘厚度28mm。

（2）工程创新点。

1）阳江青洲五、青洲七海上风电场海缆集中送出工程项目海上换流站为±500kV/2000MW，首次应用±500kV直流海缆。首次实现±500kV对称单极换流阀，采用基于IGBT器件的半桥型模块化多电平拓扑结构。青洲五、七对称单极结构示意图见图11－2。

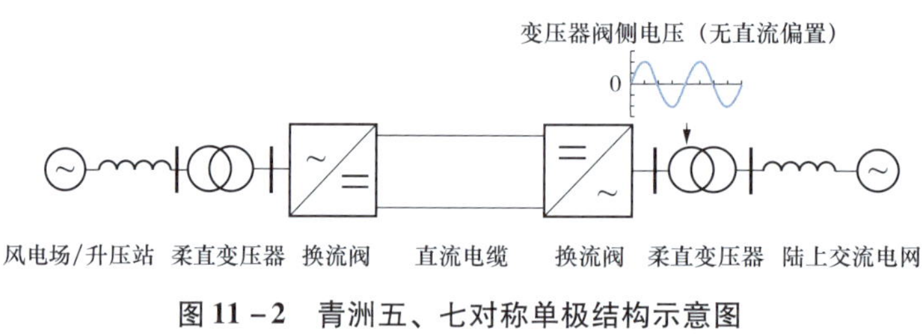

图11－2　青洲五、七对称单极结构示意图

2）国内首个无交流升压站的海上风电送出工程，采用66kV集电海缆接入海上换流站，目前世界上暂无66kV组网工程投运。由于青洲工程采用30回66kV进线接入海上柔直平台，考虑不同进线的投入、退出状态，共存在10亿种运行工况，谐振风险评估难以列举。青洲工程通过研究具备谐振抑制能力的控制策略和参数设计方法、采用海上平台预留阻尼消谐器等方式抑制谐振风险。

3）首次实现±500kV/2000MW直流卸荷装置的应用，采用基于IGCT的功率模块级联集中卸荷电阻式方案，卸荷电阻自然冷却散热，额定耗散容量4000MJ，连续工作时间1.5s。柔性直流系统通过500kV交流线路接入电网，交流配电装置采用3/2断路器接线。

11.2.3　阳江三山岛海上风电柔性直流输电工程

（1）工程基本概况及技术方案。阳江三山岛一至四海上风电场址位于阳江市海陵岛南侧海域，单个项目规划装机容量500MW，单个场址面积53～54km^2，不同场址中心离岸距离83～92km、水深47～57m，100m高度年平均风速8.12m/s左右，年平均风

功率密度 520W/m^2，风功率密度等级 4 级，是阳江以及广东重要的海上风电项目。

阳江三山岛海上风电柔直工程采用集约化、海陆一体方案，本期将阳江三山岛一～四海上风电场的清洁能源直接送入粤港澳大湾区核心区。为满足风电场及时并网发电，预计 2026 年底建成投产。

阳江三山岛海上风电柔直工程采用对称单极柔性直流输电方案，建设 1 回 ±500kV 高压直流输电工程，送端位于阳江三山岛一至四海上风电场中间，建设 ±500kV、2000MW 海上换流站，阳东区大沟镇建设海缆转架空终端站，江门市古劳镇建设 ±500kV、3000MW 受端换流站，受端换流站双解口 500kV 西江－江门双回线接入系统。

工程输电系统整体拓扑采用无直流断路器方案，不装设直流耗能装置，送受端采用全半桥混合拓扑，在交直流故障时通过调用风机耗能装置实现盈余功率平衡，海上换流阀采用能量自平衡换流阀。为提高系统可靠性，直流汇集站至陆上受端换流站的线路采用双回直流架空线。海上换流站为送端；阳东换流站与直流汇集站同址建设，通常为送端，也可为受端；陆上负荷中心换流站为受端。阳江三山岛海上风电柔性直流输电工程一期建设示意图见图 11－3。

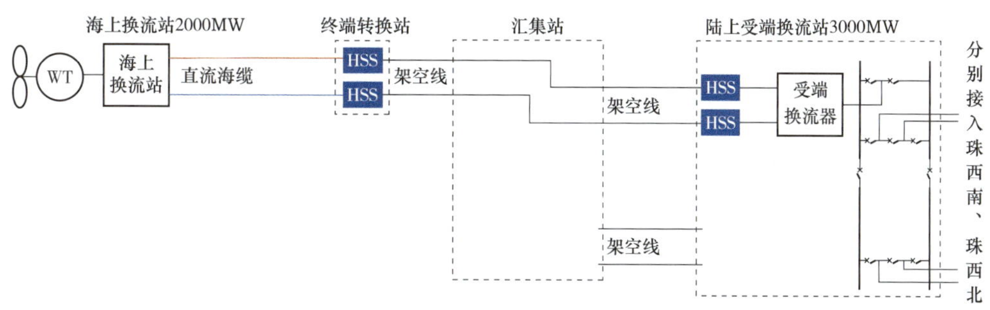

图 11－3　阳江三山岛海上风电柔直工程一期建设示意图

（2）工程创新点。

1）世界首个“四送两受”超大规模、海陆一体海上风电超高压柔直工程，将 6000MW 清洁能源直接送入负荷中心。本期三山岛一至四项目预计年上网电量约 64 亿 kWh，节约 185 万 t 标煤，减排二氧化碳约 494 万 t。远期三山岛 600 万 kW 海上风电投产后，预计年上网电量达 190 亿 kWh，节约 550 万 t 标煤，减排二氧化碳约 1466 万 t。

2）首个海陆一体工程智能运维平台，实现运检业务的提质增效。建设首个海陆一体模式的边侧输变电一体化智能运维平台，实现输电、变电不同专业的海上及陆上厂站的日常运检，解决海上平台少人化运检、海缆可视化运检以及多类型厂站的协同运检难题。通过数字孪生技术，加强设备运行状态与健康状态智能监测与预警能力，提升运检智能化水平。支撑防灾减灾、应急抢险等协同应用，实现运检业务的提质增效。也可满足智能运维平台与各级生产运行支持系统和生产指挥中心的数据交互与业务对接，为后续推进多厂站融合、多运维主体的输变电一体化运检提供数据支撑及应用保障。

3）国内首次提出海陆一体工程网源协调方案。本工程将电网企业的投资建设界面延伸至海上换流站。为明确电网企业对海上风电的技术和参数要求、厘清海上风电场和直流送出工程的界面，首次提出海陆一体工程电网、电源协调方案，为后续电网建设海风送出工程提供示范。

11.3 国外典型海上风电柔性直流输电工程

德国、英国、荷兰等欧洲国家在海上风电柔性直流输电的工程实践方面走在世界前列。世界上首例海上风电经柔性直流并网工程为德国的 Borwin1，其传输容量为400MW，直流电压±150kV，传输距离 200km，其中 125km 为海底电缆、75km 为地下电缆。目前，世界上已建海上风电柔直工程大多集中在欧洲北海地区，总的风电并网容量约 6.8GW，已建成的单个并网工程输送容量最大 916MW。

11.3.1 DolWin1

（1）工程基本概况及技术方案。DolWin1 工程是 ABB 公司使用 VSC－HVDC 输电技术在德国建设的第二个海上风电场接入项目，目的是将 Borkum1 风电场群、Borkum West Ⅱ风电场及周边几个即将建造风电场的电力输送到海上高压直流换流站，升压后将高压直流电输送至 Dorpen 陆上换流站，后接入德国内陆电网。

DolWin1 工程于 2010 年启动项目，2013 年完成海上站安装，2015 年正式投运，工程容量 800MW，交流电压等级为 155kV（海上 DolWin Alpha 换流站）、380kV（陆上 Dörpen 换流站），输电距离 165km，其中直流海缆长度约 75km，直流陆缆长度约90km。该工程是德国能源转型计划（Energiewende）的重要组成部分，计划到 2030 年实现超过 15 吉瓦（GW）的海上风电发电量。该工程能够将 800 兆瓦（MW）的清洁海上风电输送至德国电网中，可为大约 100 万户家庭提供清洁能源。

（2）工程创新点。DolWin1 工程是世界上首个电压等级达到±320kV 的海上风电柔直送出工程，能够实现更大容量的电力传输，提高了输电效率。同时海上换流站采用

了紧凑型设计，减少了海上平台尺寸，降低了建设成本。

11. 3. 2 BorWin6

（1）工程基本概况及技术方案。BorWin6 工程是由德国最大的电网公司 TenneT 投资建设的第 13 个海上风电经柔性直流送出并网工程，目的是将北海的远海风电输送至德国西北海港及外贸中心，是德国能源电力清洁转型的重要工程。2022 年 2 月，由国网智研院、普瑞工程、美国 McDermott（McD）海上平台公司组成的联合体，成功中标 BorWin6 工程 EPC。

BorWin6 工程容量 1030MW，直流电压 +320kV，输电距离 235km，其中直流海缆长度约 190km，直流陆缆长度约 45km，是 TenneT 在德国北海最后一个采用 320kV 电压等级的海上风电柔直并网工程。

BorWin6 工程风电场位于德国北海 NOR－7－2 区域，水深 38m，风电场由 Vattenfall 开发运营，计划安装 Vestas 最新的 15MW 风力发电机组。

BorWin6 工程通过陆上 Buttel（比特尔）换流站，接入 380kV 交流主网，该换流站位于德国北部伊策霍港口西部，与 HelWin1、HelWin2、SylWin1 工程陆上换流站接入同一母线，换流站也位于同一站址。工程于 2022 年 3 月 1 日开工，整体工期为 69 个月，通过概念设计、基础设计、详细设计、采购、制造、运输、施工与安装、船厂调试、海上平台运输与安装、海上站调试、陆上站调试、试运行等 25 个子阶段的项目执行与建设，计划于 2027 年底前完成交付。

BorWin6 工程风电场采用 66kV 风机汇集、直接接入海上换流平台的技术方案，省去了传统的交流升压平台（155kV 汇集升压方案），降低了汇集损耗与工程整体建设成本。工程采用对称单极接线方式，海上换流站与陆上换流站均采用两台三相一体变压器并列运行的接线形式，陆上站直流侧配置有直流耗能装置，如图 11－4 所示。

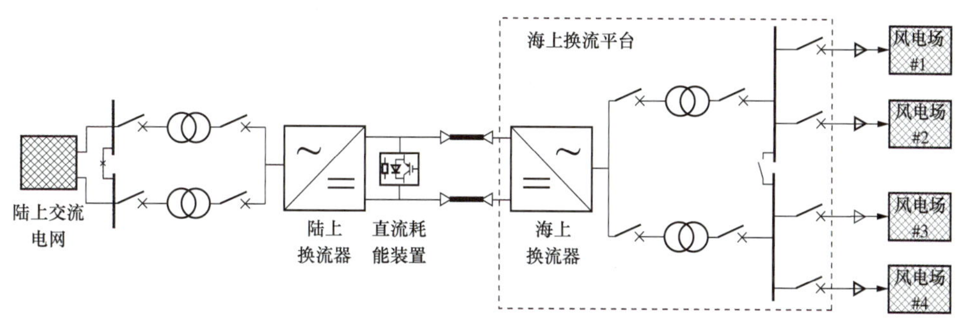

图 11－4　BorWin6 主接线示意图

（2）工程创新点。

1）海上站和陆上站均采用直流构网技术，以提升直流对系统的安全稳定的友好程度。

2）陆上站及海上站完全实现无人值守，设备运维功能支持远方自动复位、重启。

3）交流和直流功能解耦，交流的测控和保护采取一体化设计，取消交流站控，进一步实现控制保护设备的紧凑化和高可靠性。

4）由于陆上路线沿线有各种堤坝和水道交叉点以及敏感的生态系统，45km 长的地下电缆中约 30% 将使用最新的非开挖水平定向钻探（HDD）技术实现。

11.3.3 Sunrise

工程基本概况及技术方案。Sunrise Wind Farm 位于长岛蒙托克角州立公园海岸 30 多英里处，计划于 2025 年投产，投产后将成为美国最大的海上风电场之一。Sunrise Wind Farm 海上风电场计划采用高压直流（HVDC）的输电方式，输送容量达 924MW，可为纽约州的 600000 多户家庭提供清洁能源，建成后将是美国第一个使用 HVDC 技术的海上风电项目。Sunrise Wind 风场及输电项目由丹麦跨国电力公司 Ørsted Offshore North America；以及总部位于新英格兰的能源公司 Eversource Energy 共同承担。西门子能源与 Aker Solutions 联合提供设备、技术及服务支持。

HVDC 技术在长距离输电方面优于交流（AC）技术。该技术可以减少电缆数量，通过减少传输过程中的能量损失来提高传输效率，并减少海上和陆上换流器终端之间对电气设备的需求。Sunrise Wind 海上风电送出工程最终采用直流输电的方式，该工程的输电系统将包括一条长度为 161 公里的海底出口电缆，用于将海上风电场的海上变电站连接到纽约霍尔布鲁克的陆地电网连接点。

Sunrise Wind 海上风电直流送出工程由两个换流站组成，一个是海上变电站，一个是陆上变电站。海上换流站将通过阵列间电缆系统收集 122 台风力涡轮机产生的 66kV 交流（AC）电能，并将其转换为 ±320kV 直流电，通过海底出口电缆传输到长岛霍尔布鲁克的陆上换流站。然后，陆上变电站将电能转换回交流电，将其馈入配电网。

11.4 海上风电柔性直流输电工程展望

11.4.1 Nederwiek

荷兰 Nederwiek 项目是一个位于荷兰西海岸外约 90km 处的海上风电场开发计划，

由 TenneT 运营。该项目分为两个主要区域：Nederwiek Zuid（南区）和 Nederwiek Noord（北区），场址内拟建三个海上风电项目：Nederwiek Zuid I、Nederwiek Noord II 和 Nederwiek Noord III，其规划装机容量均为 2GW。

11.4.2　Ijmuiden Ver

Ijmuiden Ver 风电场区位于荷兰西海岸约 62km 处，总面积约 $650km^2$，计划安装总装机容量为 6GW 的海上风电设施，由 TenneT 运营。该区域被划分为三个场址：Alpha、Beta 和 Gamma，每个场址规划装机容量为 2GW，共 6GW，电力传输将采用 ±525kV 的柔性直流输电系统。项目完成后，预计将为荷兰提供相当于 7% 的电力供应。其中，Alpha 和 Beta 场址已经于 2023 年获得开发许可，并预计于 2029 年投入使用。

11.4.3　Sofia

英国 Sofia 海上风电柔直工程项目是全球最大的海上风电柔直工程项目之一，由 RWE 公司开发。项目位于英国东北部 Dogger Bank 海域，距离英国东北海岸最近点约 195 公里。该项目装机容量为 1.4GW，计划安装 100 台西门子歌美飒 14MW 的海上风力涡轮机。Sofia 项目预计于 2026 年全面投入运营，届时将为英国近 120 万户家庭提供清洁能源。

11.4.4　Dogger Bank

英国 Dogger Bank 海上风电柔直工程项目是英国第一个使用高压直流输电技术的海上风电项目，项目位于英格兰东北部海岸约 130km 处的北海区域，由 SSE Renewables、Equinor 和 Vårgrønn 三家合资开发，总装机容量达到 3.6GW，分为三个阶段建设，每个阶段的装机容量为 1.2GW，其中，Dogger Bank A 和 B 都将安装 95 台 GE Haliade－X 13MW 风机，Dogger Bank C 则将安装 87 台 GE Haliade－X 14MW 风机。GE 的 Haliade－X风力涡轮机是目前世界上运行中最强大的海上风力涡轮机，每台涡轮机的功率输出高达 14MW。预计 Dogger Bank 项目每年可为约 600 万户英家庭供电，约占英国电力需求的 5%。该项目计划于 2026 年建成，届时将成为世界上最大的海上风电场。

参考文献

［1］唐英杰，张哲任，徐政．基于有源型 M3C 矩阵变换器的海上风电低频送出方案［J］．《电力系统自动化》，2022，46（8）：113－122.

［2］蔡旭，杨仁炘，周剑桥，方梓熙，杨明扬，史先强，陈晴．海上风电直流送出与并网技术综述［J］．《电力系统自动化》，2021，45（21）：2－22.

［3］Lesnicar A，Marquardt RAn，innovative modular multilevel converter topology suitable for a wide power range－《Proceedings of 2003 IEEE Bologna Power Tech Conference Proceedings》，2003，12（46）：12－20.

［4］孟沛彧，向往，邸世民．大规模海上风电多电压等级混合级联直流送出系统［J］．《电力系统自动化》，2021，45（21）：120－128.

［5］张哲任，金砚秋，徐政．两种基于构网型风机和二极管整流单元的海上风电送出方案［J］．《高电压技术》，2022，48（6）：2098－2107.

［6］马向辉，张梓铭，吴有等．2GW 海上风电对称单极与对称双极柔直送出方案技术经济性对比［J］．南方电网技术，2024，18（02）：30－38.

［7］肖晃庆，黄小威，李岩．适用于二极管不控整流送出的海上风电机组无功功率同步控制策略［J］．《高电压技术》，2022，48（10）：3820－3828.

［8］常怡然，蔡旭．低成本混合型海上风场直流换流器［J］．《中国电机工程学报》，2018，38（19）：5821－5828.

［9］马秀达，卢宇，田杰．汪楠楠．柔性直流输电系统的构网型控制关键技术与挑战［J］．《电力系统自动化》，2023，47（03）：1－11.

［10］卢毓欣，赵晓斌，李岩，等．海上风电送出用柔性直流换流站电气主接线［J］．南方电网技术，2020，14（12）：25－31.

［11］张静，高冲，许彬，等．海上风电直流并网工程用新型柔性直流耗能装置电气设计研究［J］．中国电机工程学报，2021，41（12）：4081－4091.

［12］曹帅，刘东，赵成功．适用于风电经柔性直流并网系统的柔性耗能装置及控制策略［J］．电力系统保护与控制，2022，50（23）：51－62.

［13］邹凯凯，李钢，张宝顺，等．海风柔直陆上主网交流故障穿越协调策略［J］．供用电，2022，39（11）：18－25.

［14］周辉，刘黎，俞恩科，等．海上风电直流送出直流耗能装置设计研究［J］．电力电子技术，2022，56（10）：9－12.

［15］付艳，周晓风，戴国安，等．海上风电直流耗能装置和保护配合策略研究［J］．电力系统保护与控制，2021，49（15）：178－186.

［16］德沃泽克 Worzyk，Thomas．海底电力电缆：设计，安装，修复和环境影响［M］．北京：机械工业出版社，2011.

［17］刘子玉．电气绝缘结构设计原理（上册）—电力电缆［M］．北京：机械工业出版社，2004.

［18］马国栋．电线电缆载流量［M］．北京：中国电力出版社，2003.

［19］黄小卫，臧源源，王剑英．海南联网系统 500kV 海底电缆温度在线监测研究［J］．电线电缆，2014（6）：4，1672－6901. 2014. 06. 008.

［20］李栋，王传博，陈龙啸，等．高压直流电缆直流载流量计算和验证［J］．电线电缆，2021，000（005）：24－27.

［21］三峡如东海上风电柔性直流输电示范工程，国际风电发力网，https：//wind. in－en. com/html/wind－2422903. shtml.

［22］刘卫东，李奇南，王轩，张帆，李兰芳等．大规模海上风电柔性直流输电技术应用现状和展望［J］．《中国电力》，2020，53（7）：55－71.

［23］青洲七启动塔筒招标，国内海上风电催化密集，中国能源网，https：//www. cnenergynews. cn/jinrong/2024/11/20/detail_ 20241120183080. html.

［24］中广核阳江帆石二海上风电场项目环境影响报告第一次信息公示，阳江新闻网，https：//www. yjrb. com. cn/.

［25］蔡旭，杨仁炘，周剑桥，方梓熙，杨明扬，史先强，陈晴，等，海上风电直流送出与并网技术综述［J］．电力系统自动化，2021，45（21）：2－22.

［26］国家电网签署德国 BorWin6 海上风电柔性直流输电工程换流站合同，北极星风力发电网，https：//fd. bjx. com. cn/.

［27］中广核新能源射阳海上风电场柔性直流输电项目可行性研究报告顺利通过评审，北极星风力发电网，https：//fd. bjx. com. cn/.

［28］海上风电采用 ±525kV 海缆！全球首次，北极星风力发电网，https：//fd. bjx. com. cn/.